U01111238

茶

安妮・皮埃爾－羅伯特，法國美食旅遊報刊協會副主席，法國巧克力糖果業學院成員，美食史專家，著有《巧克力與餅乾》(Le Chocolat et Les Biscuits, Éditions du Chêne) 等20多部作品。

所有克里斯蒂娜・弗勒朗的照片都取自米歇爾・卡萊斯和吉勒・布羅沙爾合著的《飲茶的快樂》(Plaisirs de thé, Éditions du Chêne)。

安妮·皮埃爾－羅伯特

茶

Annie Perrier-Robert

三聯書店 （香港） 有限公司

目　次

引　言　　　　　　　　　　　　　6
《三杯茶》　　　　　　　　　　　8

五千年歷史　　　　　　　　10
如詩的起源　　　　　　　　　12
征服歐洲　　　　　　　　　　16
茶葉商隊　　　　　　　　　　20
茶的民主化　　　　　　　　　22
茶在世界上傳播　　　　　　　26
茶的功效　　　　　　　　　　28

茶樹與茶葉　　　　　　　30
珍貴的小灌木　　　　　　　　32
高貴的紅茶　　　　　　　　　38
特殊茶葉　　　　　　　　　　44
綠茶，上等茶　　　　　　　　46
另類茶葉　　　　　　　　　　50
日本茶罐物語　　　　　　　　52

茶的禮儀　　　　　　　　54
適用的器具　　　　　　　　　56
一千零一隻茶壺　　　　　　　58
傳統與法則　　　　　　　　　62
飲茶的時間　　　　　　　　　66
待客茶　　　　　　　　　　　72

綠茶禮法　　　　　　　　　　74
茶樓　　　　　　　　　　　　80

世界性的茶　　　　　　　82
圍繞茶炊，俄國茶　　　　　　84
中亞　　　　　　　　　　　　90
營養豐富的西藏茶　　　　　　92
考究的東方茶　　　　　　　　94
茶香飄逸的店舖　　　　　　　100

雜篇　　　　　　　　　　102
以茶為原料　　　　　　　　　104
昔日茶潘趣　　　　　　　　　108
夏天，冰茶　　　　　　　　　110
新飲料　　　　　　　　　　　112
南美茶　　　　　　　　　　　114
茶的小竅門　　　　　　　　　116
茶的美食　　　　　　　　　　120

附錄　　　　　　　　　　122
幾款菜譜　　　　　　　　　　124
沖泡表　　　　　　　　　　　126
參考書目　　　　　　　　　　127
地址簿　　　　　　　　　　　127
照片和引文出處　　　　　　　128

**茶**是十分考究的飲料，源自亞洲。亞洲人以茶代水，改善水質。自從傳入歐洲後，茶就引起了愛好異國情調的人們的極大熱情，也引起了嚴蕭思想的粗野仇恨，這些人對茶抱着懷疑態度，他們認為茶會改變大腦的活動，有損健康。甚至奧諾雷·德·巴爾扎克在他那個時代也參與了對茶的非難，斷定它與咖啡和巧克力一樣，是"時髦之物"。這些爭論已與長期來與茶聯繫在一起的精英形象一道成為歷史。20世紀，保羅·莫朗還寫道："西方通過茶進入資產階級沙龍，通過咖啡進入大腦。"茶廣泛傳播，使這種神秘的沏泡方式成為友好待客的一部分，也成為家庭、朋友和知己間愉快聚會的緣由，所以人們說："Tea for two"（二人茶）。今天，茶已具有世界性。它依傳統方式泡製，口味獨特，從來都是那麼精細，令人驚訝。

事實上，茶的古老發源和茶的儀式，都打上了詩歌的烙印。它給予世界各國的詩人以靈感。像所有詩人一樣，朱爾·巴爾貝·多勒維利對這種飲料以及它的象徵也非常敏感。他甚至為茶創作了一首詩，我們可以在他死後出版的詩集《塵土》中見到。這首茶的頌詩可以作為本書的序……

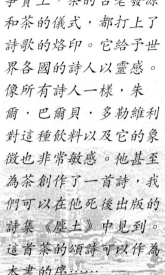

《三杯茶》

"我獨自一人。——昨晚，她身着月色的裙裝，去參加舞會。我相信，雖然身着變幻的襯裙，心卻是忠實的！我看着淡金色的茶，清淡而灼熱，落入杯子——清淡而灼熱，正如初戀——我想起了琥珀色的襯裙！"

"這是琥珀而非金子的顏色，這金色的液體如此黯淡，於是我產生了愛情的幻覺，從杯中見到色彩變幻的衣裙。反光在水面漂浮，很快，這閃亮的飲料就要變深，更加灼熱，在半透明的塞夫勒瓷器裡，從純金變為鮮紅——就如一個人的血，不是第一次流出，而是血管中的血，注入第二次愛情的傷口！"

"然而第三次，這液體更頑強，更深，流入瓷器的杯子時更緩慢——濃稠，烏黑，就如他們殺死國王康比斯前，讓他飲入的公牛的死亡的血液。現在，再沒有金子！再沒有閃光！再沒有鮮紅！只剩下深深的、苦澀的暗紅——血管已流盡，整個生命！整個靈魂！整個心在最猛烈的火焰中——在最後一次愛情不滅的炭火中——化為灰燼！"

"您相信嗎？……會！您會相信的。這黯淡的色彩——離琥珀的裙裾那麼那麼遙遠，那作弄人的閃光的緞子——這黯淡的顏色竟使我想起了天使潔白的衣裳，光芒籠罩，把我帶上翅膀，飛向天空！"

五千年歷史

且不論茶是大眾化飲品還是精英的飲品，它具有悠遠的歷史，這是毫無疑問的。在歷史長河中，飲茶形成了多種多樣的習俗，它征服一個地區，就與那裡的風氣相適應。茶最早被亞洲人所知，然後與商隊一起遠行。許久以後西方人才到達茶的發源地，第一次從那裡認識了茶，他們開始將茶納入商業的軌道，使其成為經濟競爭的賭注之一。

如詩的起源

茶最早成為飲料，是在中國。茶的開端籠罩着神秘的光環。有人說那是公元前6世紀的事。另一些人則認為時間還要更早。我們且不論它起源於何時，"茶"的名稱確是到了前漢才開始使用，卻是毫無疑問的。

神農

茶的發現要追溯到神農，一位牛頭人身的神，農業之父，他在公元前2737年前後統治中國。神農在一棵小灌木下休憩，感覺口渴，就讓侍從燒水。幾片樹葉從樹上飄下，落入水中。神農飲了帶樹葉的水，倍感甘甜提神，於是下令全國種植這種植物。

上圖
蓋碗（盅）上的裝飾畫再現了遠古的傳說。這種器皿既可保留茶的香味，又可讓人在飲茶時半開杯蓋，而茶水不致外溢。

佛教神話

另一個與茶的起源有關的傳說流行於印度和日本。傳說中講到，印度王子菩提達摩前往中國弘揚佛教，為順利完成使命，他立下了7年不睡的誓言。然而有一天，他感到難以抵禦睏倦的侵襲，只能在口中咀嚼茶樹樹葉保持清醒。他的弟子對這種植物具有提神的功效感到十分驚異，從此

上頁
漢人的倉庫內。

AUX INDES

也許印度人早於中國人認識茶。

開始種植茶樹，而整個中國也就因此瞭解了茶。傳說的另一個版本是這樣講的：菩提達摩不由自主地睡着了，他對自己的軟弱感到羞慚，於是割下眼瞼，茶樹就在眼瞼落地之處生下根來。

茶的3個階段

8世紀的唐朝，茶已是中國的大眾飲品。茶葉舂細後，以模具緊壓，靠燃料熱力蒸乾，成為磚的形狀。陸羽就是在那個時代寫作了《茶經》。慶典是中國人思想中必不可少的部分，"茶聖"在書中把茶與生活中的慶典聯繫在一起，描寫

茶藝

賈母道："我們才都吃了酒肉，你這裡頭有菩薩，沖了罪過。我們這裡坐坐，把你的好茶拿來，我們吃一杯就去了。"妙玉聽了，忙去烹了茶來。寶玉留神看他是怎麼行事，只見妙玉親自捧了一個海棠花式雕漆填金雲龍獻壽的小茶盤，裡面放一個成窰五彩小蓋鐘，捧與賈母。賈母道："我不吃六安茶。"妙玉笑説："知道。這是'老君眉'。"賈母接了，又問是什麼水。妙玉笑回："是舊年蠲的雨水。"

曹雪芹：
《紅樓夢》，
18世紀。

了儀式的細節，這些禮儀反映了儒家思想統治下為社會帶來和諧的內在的倫理道德。宋代，在徽宗（1101－1124年）倡導下，磚茶讓位予末茶。這時人們採用新的樣式和新的製作方式——茶被春成"玉沫"。日本茶道儀式保留了這一方式。飲茶的風氣在蒙古統治時代（1279－1368年）被人淡忘，到了明代（1368－1644年）才又復蘇。從這時起，茶開始以沖泡的方式烹製。這時中國人已經瞭解了紅茶、綠茶和烏龍茶。

廣告也講述歷史，不無幻想……

Le Thé de l'Éléphant
à travers les âges!

THÉ DE L'ÉLÉPHANT
FORCE & BONTÉ

a. lestrohan

3_LE RÈGNE DE CLÉOPATRE_La superbe Reine d'Égypte faisait suivre son char du précieux Thé de l'Éléphant dont elle ne pouvait se passer

茶的傳揚

儘管茶（ocha）在紀元初的幾個世紀裡就傳到了日本，但只是到了8世紀，日本才開始種植茶樹——茶樹的種植在嵯峨天皇（786－842年）統治下得到推廣。日本人最先用的是磚茶，到了7世紀末，經一位叫榮西的禪師極力推薦，日本人開始接受粉末狀的茶（matcha，即"抹茶"）。這一開端為日本飲茶習俗奠定了基礎，後來僧人千利休把日本飲茶的習俗上升為哲學。

征服歐洲

16世紀，幾位西方旅行者提到，一種沖泡服用的"草藥"具有保健功效，是中國人最喜愛的飲料。然而直到17世紀，茶葉才第一次傳入歐洲，或許，最早向歐洲引入茶葉的是猶太傳教士。

右圖
3位荷蘭大商人的夫人在飲茶，17世紀版畫。

公司壟斷

最早，茶葉是通過荷蘭人向西方進口的，17世紀的前十年，荷蘭印度公司為低價收購茶葉，想出了一個辦法：他們在中國和日本吹噓，說歐洲有的是療效遠遠超過茶葉的植物，這就是鼠尾草屬植物和琉璃苣。他們用鼠尾草屬植物交換茶

葉，價格是1磅鼠尾草屬植物換3磅茶葉。荷蘭印度公司保持着茶葉貿易的壟斷。直到1660年，英國禁止國內進口荷蘭產品，並委派東印度公司從事與中國的茶葉買賣，荷蘭印度公司的壟斷才告終結。

令人愉快的飲料

法國人與英國人同時發現茶。然而法國人沒有像英國人那樣迷戀它。事實上，儘管茶在當時是珍稀食品——法國和英國政府都對茶課以重稅，直至1784年才開始降低税率——英國人還是很快大量地消費起來，而且消費量與日俱增。1769年，英國人消費茶葉高達200多萬公斤，而1699年才65公斤！荷蘭與丹麥的消費量也很大。當時最常見的品種是"武夷茶"。

永恆的烹製法

在那個時代，茶已經按我們今天熟知的"茶譜"烹製。弗朗索瓦·馬西阿洛在《新果醬教程》（1692年）一書中寫道："最常見的茶葉烹製法，是用專用的茶壺燒水，水量依需要沖泡多少杯茶而定。水燒開

有紀念意義的波士頓茶會

是否存在這樣一種可能：正是由於茶引起的一系列事件，最終導致了美國的獨立？1773年，東印度公司被授予在美國的茶葉專營權，不僅如此，英國還對茶葉徵收高額關稅。於是，新英國的走私商人起來反對倫敦。同一年在波士頓，當反對英國"暴政"的運動風起雲湧時，走私商人把在波士頓靠岸的3艘船上的貨物全部拋入海中：那批貨物是342箱茶葉！女皇以刑法回應了走私商人的行動。不久後，獨立戰爭就爆發了。

上圖
滿月茶壺，"馬里亞熱兄弟"製作。在歐洲，茶的傳播速度比咖啡緩慢得多。

快速帆船，為19世紀茶在歐洲的傳播作出了貢獻。

TRAITÉS NOVVEAVX & CVRIEVX DV
CAFE DV THÉ ET DV CHOCOLATE
Composéz
Par Philippe, Sylvestre Dufour

上圖
著名的《奇特的
新條約》，建築
正面浮雕，菲利
普·西爾維斯
特·迪富爾作，
里昂，1865年。

下頁
向商人批發茶
葉，18世紀
中國畫。

後，把壺從火上移開，按比例放入茶葉。蓋上壺
蓋，等到時間過去10分鐘，再讓茶葉在壺中浸泡
5分鐘。茶葉沉入茶壺或咖啡壺底部，水色變深。
把茶水倒入杯子，加入半勺白糖，就可以像飲咖
啡一樣飲用了。

小心翼翼的遠征

最初，中國只向外國人開放廣州港。紅茶運輸的
里程十分漫長。茶箱從產地運往廣州，需歷經數
周，大段路途上用“茶舟”運輸，有時也通過人
力肩挑背扛，翻山越嶺，最後抵達廣州。茶箱在
港口裝上西方人的船。各國在西返途中展開了名
副其實的競賽。19世紀時，原先被租用來販賣鴉
片、帶有巨大船帆的快速帆船，開始被用來運輸
茶葉。茶葉十分脆弱，不能經長時間海運，所以
需要快速的運輸工
具……每年，“茶
賽”的勝利者從倫
敦商人那裡賺取豐
厚的利潤。

茶當菜吃

蘇格蘭人在英國人接受茶後
很久才開始對茶感興趣。所
以有了下面這樣的事：1785
年，蒙茅斯公爵夫人派人給
父母送去1磅茶葉，她的父
母不知如何食用，就把茶葉
切碎，放在鍋裡煮熟，像菠
菜一樣端上餐桌。這事成為
一時的笑談。

右圖
茶葉商隊冬天從
托木斯克到伊爾
庫茨克。

下頁
北京，城牆下
……

茶葉商隊

很久以來就有商隊在大地上穿梭往來。茶葉是這些流動商社大宗買賣的重要商品，商隊背後隱藏着巨大的商機。

品質保障

19世紀時，人們知道了通過商隊運輸的茶葉要優於通過海運運輸的茶葉，因為海水和濕氣會侵蝕這種嬌氣的產品。捲曲的茶葉缺少堅挺的力度且常常粉碎。這種茶的香味很重。所以我們毫不奇怪為什麼

大仲馬在他那個時代寫道："最好的茶只能在彼得堡喝到，並且俄國各地喝的基本上都是最好的茶。"商隊把茶葉從中國販運到俄國，尤其是產於中國北方的白毫。在尼吉尼－諾維戈爾德市場上，每年都有大批茶葉銷售。

"沙漠之舟"

阿拉伯人把駱駝稱為"沙漠之舟"，布豐認為它們的確如此。他寫道："黃金與絲綢不是亞洲的財寶。駱駝才是東方真正的財富。"它強壯溫馴，行走快疾，能馱非常重的貨物，遠比最健壯的馬背負得多。駱駝真是寶貴的動物。

其他運輸方式的飛速發展，商隊遭到沉重打擊，甚至在最偏僻的地區也是如此。商隊的傳統只殘留於仍保留游牧習慣的地方。尤其是在阿拉伯貝督因人和撒哈拉圖阿雷格人居住的地區。

特殊包裝

中國茶可用棉布和毛料換取。通常，"商隊茶"所用的茶箱為木製，外面覆以蘆葦或竹，俄國人稱其為"tsibiki"。在中俄邊境交換後，把牛皮帶毛的一面朝裡，緊緊包裹着茶箱。這樣的保護能保證茶葉完好無損地抵達目的地。因為在俄國境內，茶箱要用駱駝馱到奧倫堡，再從奧倫堡用大車運往伏爾加。

消逝的商隊

"商隊"一詞源於波斯語"Karwân"（生意的保障），說明了這種合夥團體的性質。集體結伴而行，是為應付各種不測的風險：惡劣的天氣、路途阻礙、強盜襲擊，等等。出口商必須集結在一起，才能做好生意。人和牲畜綿延不斷。隨着公路的開闢、火車的出現，大型海運以及

下圖
東歐和中亞荒原上，過去有從事茶葉貿易的駱駝隊綿延行進，現在再也見不到這樣的景象了。

茶的民主化

19世紀時，"現代"的茶葉批發逐漸形成。茶葉在北歐的消費量很大。在大西洋彼岸，紐約是最重要的市場，在全球範圍內僅次於倫敦。

馬賽港與勒阿弗爾港一樣，長期以來一直是法國茶葉進口的通道。

截然不同的兩幅畫面

"寬敞的房間裡很冷，上校夫人讓人把壁爐裡的火撥旺，然後走近茶桌。'兩位先生，你們有英勇的騎士精神，冒着大雨來看我們，我肯定不能讓你們喝我們女人那種不起眼的茶。瑪格麗特小姐去為你們調像樣的北歐酒，可以禦寒……'"這個片斷出自霍夫曼的短篇小說《不祥的來客》，它反映了歐洲人對茶常有的印象。他們認為茶是精細的飲料，只有婦女才會從中體味快樂。對男人而言，喝潘趣酒（punch）才是最合適的。

還是同一位作家，在另一篇短篇小說《事物之鏈》中選擇了"維斯紅衣主教會議成員夫人主持的藝術茶會"為背景。茶會上，"20多位夫人身着盛裝，圍成半圓坐在客廳中央"，她們或專注或不經意地聽着一位年輕悲劇詩人朗誦他的作品。這是茶的另一面，在這裡茶是精神交談與高雅聚會的飲料，巴爾扎克把這些"文學"沙龍組成的世界稱為"黃金之圈，在那裡繆斯使時光飛揚"。

CAFÉ DES GOURMETS TREBUCIEN

LE THÉ

左圖
從19世紀80年代起,俄國就成為繼原產地後最大的茶葉消費國。

在英國更大眾化

然而在英國,所有社會階層的人都毫無保留地接受了茶。他們消費約3,000萬公斤茶葉。這個數量與上個世紀的差不多,但消費群體更大。於是摻假行為盛行,不法分子在茶中摻入樺樹葉、黑刺李以及浸泡過又曬乾的茶葉。據瞭解,1818年,倫敦有20名以上的雜貨商參與了摻假茶葉交易。根據專賣權規定,直到1834年,與中國的貿易都必須通過

茶會

巴熱東夫人對這位傑出的年輕人關懷備至,人們對此讚不絕口。她的做法一旦得到一些人的讚許,她就希望接納她的做法的人更多。巴熱東夫人在區裡宣佈舉行晚會,以冷飲和茶點招待來賓,這在城裡(昂古萊姆)還是創舉,因為在那裡茶還只是在藥舖出售,人們把茶葉當作治療消化不良的藥物。貴族階層的精英全被邀請來聆聽呂西安朗誦大作。

奧諾雷·德·巴爾扎克:
《幻滅》第1章,1821年。

神秘的煉金術

這天晚上，與其他晚上一樣，他待在瓦洛涅，不用在外漂泊打魚，他就會去圖弗代利斯那些小姐家作客。他帶去茶盒和茶壺，在她們面前沏茶，這些不開化的人真可憐，流徙生活並未培養起她們對這些驚人趣味的愛好，譬如"對熱水沖泡的小小的捲曲葉子的愛好"。她們其中一位講了一句叡智的話："查爾特勒的'綠水'治消化不良"。小姐們總是那麼驚奇，她們恰如那些不可教養的人，帶着動物般的專注神情，每天晚上，她們把仿佛上了彩釉的陶器的眼睛瞪得牛眼般大，看着費爾德拉普的這個"怪人"每日例行的沏茶儀式，就好像他在操作某種可怕的煉金術。

朱爾·巴爾貝·多勒維利：《鍾情騎士》，1864年。

東印度公司來進行。我們可以在當時的《愛丁堡雜誌》上讀到這樣一段話："茶葉成為第一需要的食品，而我們的政府卻慷慨地把它的專營權給予了一家普通公司，並且允許這家公司用相當於它真正價值200％的價格來銷售！"

法國的爭議

一些城市，譬如波爾多，以開放的態度接受了外來的、尤其是英國的習俗，但在這些城市之外，直至1814年，茶還是"高雅"的飲品。1814年後，茶逐漸為資產階級接受，成為風尚。但反對茶的人仍然很多。然而真正阻礙茶流

下圖
茶是暹羅（泰國）的傳統飲料。圖中表現的是19世紀的情景。

行的還是在法國非常盛行的咖啡。那時法國茶的消費量遠低於英國。

飛速發展的茶樹種植

直至19世紀，歐洲消費的茶葉都只來源於中國。不久，中國茶葉生產的霸主地位就逐漸衰落了。因為茶樹種植逐漸從中國向其他國家擴散。1834年印度開始種植茶樹，爪哇在1838年，台灣約始於1870年，馬來西亞始於1874年。錫蘭是1876年——錫蘭島的咖啡樹遭遇病害，於是島民轉而種植茶樹。人們嘗試使茶樹適應不同地區（圭亞那、馬提尼克、西西里、埃及等）的氣候，然而這些試驗都沒有成功。茶樹不能離開它誕生的土壤……

右圖
19世紀末，人們從飲茶中獲得樂趣…

茶在世界上傳播

出產"茶中香檳"的眾多大吉嶺茶園,還有錫蘭廣闊的茶樹種植園,雖然現在已風光不再,但茶卻繼續盛行於世。從20世紀中期起,茶樹的種植就遍及非洲、大洋州(澳大利亞、巴布亞新幾內亞),甚至美洲——確切地說是阿根廷和巴西。

亞洲的傳統

僅此4個國家——中國、印度、錫蘭(斯里蘭卡)和肯尼亞——的茶葉產量就佔了世界茶葉產量的2/3。長期以來中國就是茶葉的最大生產國,也是歐洲惟一的茶葉供應國。然而競爭越來越激烈。中國現在仍然是茶葉生產的聖地,但產量卻退居世界第2位。因為印度後來居上,現為世界第1大生產國。在印度的東北部,茶葉種植集中在阿薩姆平原、布拉馬普特拉河兩岸、大吉嶺地區和喜馬拉雅南麓,在西南則集中在尼爾吉里丘陵高原。錫蘭是世界第3大茶葉生產國。茶葉的種植集中在島嶼中部山區的努沃勒埃利耶和康提,尤其是烏沃和丁布拉郡。

1990年展出的水彩畫《塞納河上的茶》,莫里斯‧多朗作。

茶在非洲

茶傳入非洲的歷史要上溯到19世紀末。然而直至1920年，非洲才有真正的茶樹種植。最早是在莫桑比克和南羅德西亞，隨後傳到喀麥隆和布隆迪等地。肯尼亞的茶樹種植始於1925年，由於受英國的巨大影響，肯尼亞的茶樹種植發展非常迅速。肯尼亞迅速成為世界第4大茶葉生產國，並於1996年成為世界第1大茶葉出口國。

飲茶者

西歐是茶葉生產國的最大客戶，其次為北美洲和非洲。茶葉消費量在盎格魯－薩克遜國家和穆斯林世界也很可觀。而法國的茶葉消費量則較低。

茶葉專家

一些專家被稱為"茶葉經紀人"，他們是買方或賣方代理人，或既是買方又是賣方代理人。他們核對和評估茶葉質量，為拍賣（tea auctions）提供依據。這種拍賣可以在一些茶葉生產國（印度、錫蘭、肯尼亞、孟加拉國）見到，也可以在倫敦見到，世界3/4的茶葉通過這種方式交易。其餘1/4的茶葉交易則在進口者與茶農或"茶葉經紀人"之間直接進行。還有一類專家稱為"tea tasters"（品茶師），相當於酒類的品酒師。他們甄別、品嚐並分析茶葉。有時他們在鑒定之餘，還以高超的技藝調製新的拼配茶（blends）：這些拼配師（blenders）是真正的藝術家。

1860年起，喜馬拉雅山海拔1,000－2,100米的北坡上開始種植茶樹：這就是大吉嶺茶園，那裡出產的茶葉享有"紅茶王"的美稱。

茶的功效

他穿着毛皮袍子，坐在中式沙發上，沙發上鋪着氈子。他一定要我們喝杯香綠茶，他說那是上好的茶葉，可以去油膩、助消化……

韓素音：
《青山青》。

半發酵茶（烏龍）以有利消化著稱。時至今日，藥房還在出售一種壓縮的中國茶（沱茶）。

優良藥品

茶有益健康，這不是今天人們才發現的特性。昔日，在中國和日本，僧人們認為茶能令人興奮，有利於打坐，此外它還是包治百病的靈丹妙藥。飲茶，就是延年益壽……正是從這點出發，茶在日本流傳了許多個世紀。當然，茶能抵禦睡眠，這是從有關茶的起源的傳奇故事起就廣為流傳的好處。但茶還能治療感冒和膿腫，止渴、強心……

爭論的導火線……

隨後，整個17世紀和18世紀，茶成為淵博的學者們"關於健康的談話"的中心。直至19世紀，茶還保留着喧囂的形象。不是有一位叫齊默爾曼的先生把茶稱為"中國的洗衣水"嗎？他的話把茶一棍子打死，這些觀點最後發展到視茶為"種族的墮落"，幸而持這種看法的人並不多。更普遍的觀點是，只要節制飲用，茶就是"美妙"而無害的飲品。但條件是儘量飲

1827年烏德里分離出一種叫咖啡因的生物鹼，可以鎮痛、強心、利尿。

用紅茶而不是綠茶，儘量飲用花蕾茶，而不是葉茶。直至近來的20世紀，爭論還在如火如荼地進行。

有益的植物

與我們更為貼近的是，一些傑出的藥劑師作了許多分析研究，揭示了茶的真正功效，以及它在飲食中的作用。儘管中國"烏龍茶"的礦物質含量很高，但綠茶所含的礦物質比烏龍茶還高3倍。這些研究表明，在延緩細胞衰老方面，茶中的丹寧遠比維生素E活躍，茶為人體提供的鋅元素對孕婦很有益，茶還富含氟元素，能防止齲齒，最後，茶還包含利於治療高血壓和動脈硬化的酶。

茶能延年益壽嗎？

19世紀時，有人對此作了肯定的回答。1826年《不列顛雜誌》報道了這樣一件事："在坎伯蘭省的彭里斯，一位叫馬麗·諾布林的婦女，65年來以茶為食，現已107歲。……她身體健康，精力不減當年，甚至走路也不用枴杖。"

此外，1827年，一份題為《增進健康與延長壽命的有效方法》的研究報告在倫敦發表，作者是一位英國科學家，他在報告中提到茶，並舉了一位生活在錫德納姆、名叫讓·于塞的人為例，此人活到119歲，在半個世紀裡，他早餐只飲"清淡的薄荷茶，加一點點蜂蜜"……

茶樹與茶葉

茶 與酒同是考究的產品，茶的世界不由得令人想起酒的世界。特定的產地對應於特定的品種。茶葉的質地與特殊加工工藝結合在一起，形成多種多樣的品種。它們是眾多因素結合的產物。茶葉的分類與等級因產地、採摘期及葉片大小而異。

珍貴的小灌木

中國雲南的南部山區、緬甸北部、印度阿薩姆邦，還有泰國和老撾北部，這些地區的茶樹同樣苗壯成長。但它們這些品種的種子近一半取自中國和阿薩姆。

7,000個幼芽可以產出1磅茶葉。

錯誤觀點

很久來，人們像林耐一樣，認為有兩種茶樹：一種是綠茶樹（Thea viridis），一種是紅茶樹（Thea bohea）。19世紀時，這種觀點已證明是錯誤的。19世紀40年代，英國園藝學家羅伯特·福瓊受東印度公司之託到中國旅行，刺探中國茶的秘密，他證實說："大多數從中國北方發運到英國的紅茶和綠茶，都採自同一種茶樹，之所以紅茶和綠茶有顏色、口感及其他種種差異，只是因為加工方法不同而已。"

生長條件

茶樹（"Camellia sinensis"或"Thea sinensis"）是山茶科大家族的一員，可以長到15米，經人工修剪限制高度，頂部成為"採摘平台"。茶樹四季常青，葉子為披針形、齒狀，嫩葉帶毛，長成後平滑而有光澤。溫暖與濕潤是茶樹生長的必要條件。此外，茶樹喜好山坡上疏鬆、肥沃、排水通暢的土壤。所以茶樹多見於北緯43°到南緯27°的地帶，在海拔2,500米以下生長。茶樹產茶的生命期可以持續50年甚至更長。

採摘質量

"君採"，正如字面所顯示的，是過去專為進貢皇帝而用的。具體方法是採摘茶樹的頂芽。在陰曆1月底與3月初間，早晨旭日初升

時採摘。採茶女——童貞女——採茶前7次淨手，帶上絲
綢手套，用金剪剪下幼芽。這個儀式早已失傳……後
來，人們採摘頂芽和離頂芽最近的1片葉子（"君採"），
或頂芽和頂芽附近的2片葉子（"精採"），或者，製作
質量稍低的茶葉時，採摘頂芽和緊挨頂芽的3片或3
片以上的葉子（"通採"或"粗採"）。

茶的季節

茶樹長到3－5年時就可以進
行採摘（flush）。婦女們一
般一年手工採摘3次。"春
季"（4－5月）採摘的茶葉
為佳品。"夏季"（6－8月）

上頁
馬來西亞的茶樹種植。

右圖
茶樹枝及其蒴果，果中包含種
子。花似野玫瑰，而香味似
茉莉。

途經大吉嶺

Kursiong位於產茶區。每個山坡都覆蓋着茶樹，一望無際，令人想起萊茵河和摩澤爾河畔的山坡。為方便工業生產，這些可憐的小灌木被修剪成低矮的形狀，不知與我們那些葡萄園的大棚比起來，是否同樣優雅。在阿薩姆，我們看見的茶樹是野生的，而在這裡，它們與中國的茶樹一樣欣欣向榮。這些茶樹甚至在海拔5,500英尺的高度上也能開花。然而還是3,000英尺下的茶樹收成最好。要說明的是，喜馬拉雅山南坡雨水充足，無需額外澆灌，傾斜的地勢也防止了土壤積水。

孔特·戈布萊·達爾維埃拉：
《印度與喜馬拉雅》，摘自
《旅行記憶》，1880年。

採摘的茶葉香味濃郁。第3次，即"秋季"採摘的茶葉香味突出，檔次最低。茶樹的汁液集中在茶樹頂端，芽旁的葉子稱為"白毫"（pekoe，即絨毛），葉子離枝椏末梢的頂芽越近，茶葉質量越高。此外，葉子越嫩，茶葉質量越高。

傳統紅茶製作法

茶葉採摘後立即投入製作。先是"萎凋"，把茶葉置於通風處16－24小時，使其脫水，降低丹寧含量，直至茶葉充分柔軟。然後是"揉捻"，把鮮葉順向緊捲，破壞部分植物組織，使所有成分充分混合。揉捻程度不同，茶葉口感濃厚的程度也不同。在"發酵"過程中，把揉捻

處理過的茶葉置於溫熱
（25℃－27℃）潮濕的環境
中2－3小時，茶葉變成棕
色，再次降低丹寧含量。
在“乾燥”中，茶葉被置
於90℃的溫度下烘烤約20
分鐘，葉條變黑，水分含
量降低到5%以下。最後是
“篩分”，根據質量揀剔茶
葉，隨之將茶葉裝入內裡
襯有鋁箔的膠合板箱內。

高貴的紅茶

熱氣騰騰的罐子一放在桌子中間，你就看見所有的面龐閃亮了。神經似乎被輕撫，大家知道愉快的享受即將開始，這甜美的飲料會讓每個人參與進來。談話隨即變得更快，更風趣。大家談論着，但並不爭執。

《英國雜誌》，
1828年9月。

在全球

中國人稱為"紅茶"，是因為這種茶在沖泡後顏色是紅的。而西方人稱為"黑茶"，是因為發酵後茶葉的外觀是黑的。紅茶有的香味較濃，有的香味較淡，有的葉條較細，有的葉條較粗，但這不妨礙紅茶成為西方人飲用最多的茶。在中國和日本本土外，紅茶是生產最多的品種。錫蘭紅茶享有很高的聲譽。印度紅茶也很有名，尤其是阿薩姆與大吉嶺的紅茶。

在中國

中國最主要的茶葉品種是"滇紅工夫"（Yunnan），產於同名省份雲南，還有"祁門紅茶"（Keemun），產於安徽，是一種精緻而清淡的高山茶。至於產地雲南的普洱茶，已非常古老，過去曾用於製作磚茶。普洱茶不像傳統紅茶那樣充分發酵，所以也可視為烏龍茶。

紅茶可以再加煙燻。煙燻茶品味獨特，是福建的特產，這種茶葉起源於17世紀。傳說皇上的軍隊佔據了茶葉工場，剛採摘的茶葉需等待很長時間才能加工，為儘快供貨，工人決定燒松木來加快乾燥的速度。現在，雲杉代替了松木，但傳統工藝仍保留了下來……

在蒙彼利埃

一個傭人不小心走漏消息，讓我得知了時下風行的咖啡館的名字。我跑去了，真不幸！我的慾望越了界，我要了開水。我口袋裡有上好的茶葉，是沒有經過海運的那種。茶葉是可愛的德·布瓦勒夫人送的……

司湯達：
《旅遊回憶錄》。

Thé noir CEYLAN — Galaboda, OP1

Thé noir, ASSAM, first flush — Bamonpookri, TGFÓP

Thé noir, CHINE — Yunnan d'Or

Thé noir fumé CHINE — Lapsang souchong

Thé noir CEYLAN — Somerset, Pekoe

Thé noir, DARJEELING - first flush — Castleton, SFTGFÓP1

Thé noir, DARJEELING - second flush — Jungpana, SFTGFÓP1

Thé noir, DARJEELING - Autumnal — Arya SFTGFÓP1 《Rose d'Himalaya》

上頁
印度的茶葉採摘。

左圖
紅茶集錦，其中一些是著名品種。

第41頁
斯里蘭卡的採茶女。

18世紀，本地治里

9點或10點上早餐。早餐後女主人坐下，桌上放着杯子，客人們圍坐着，隨時有人離開，又有人進來，女主人只是給他們倒倒茶。午睡僅次於夜間的睡眠，客人脫掉衣服，躺在床上，一直睡到4點。接着是晚餐。5點到8點又上茶，客人乘興談話。因為歐洲茶壺一拿開，他們就無話可講了。除非有意外發生，例如愛情闖入了，然而愛神的俘虜又會最先拿這意外開玩笑。

亞伯拉罕－亞森特·
安克蒂爾－迪佩龍：
《波斯古經》第1卷。

製作標準

茶葉可以是完整的（稱為葉茶），也可以是破碎的（這種茶稱為"broken"，即碎茶），也可以

Le Thé — Torréfaction, le Five o'clock.

是粉末的（"fannings"與"dust"，即片茶與末茶），茶葉可製作單人用的袋茶。製作方式的不同不會影響茶葉質量。碎茶與葉茶比起來，只是沖泡速度更快，口味更濃而已，這或許是一種補償吧。

嚴格的等級

葉茶分成幾個等級。如果只採頂芽（白毫）與最緊挨頂芽的2片葉子，茶葉就稱為橙黃白毫（Orange Pekoe，簡稱O.P.）。這種茶葉條捲曲，清香宜人，口感微妙，在中國也被稱為工夫茶。花橙黃白毫（Flowery Orange Pekoe，簡稱F.O.P.）採摘的是更嫩的幼芽，茶葉比橙黃白毫的毫尖（tips，芽葉細尖的稱呼）更多。相反，白毫（Pekoe，簡稱P.）與上述兩種茶葉接近，但稍粗一些，極少或不帶毫尖。小種（Souchong）含第3和第4片葉子，葉片寬大，順向捲曲，用於製作中國燻茶，譬如著名的正山小種。碎茶也有相應的等級：碎橙黃白毫（Broken Orange Pekoe，簡稱B.O.P.），葉片不平整，帶有大量毫尖；碎白毫（Broken Pekoe，簡稱B.P.），不帶毫尖；碎茶（Broken Tea，簡稱B.T.）則用扁平的葉片製作。

中國茶都

我現在已接近福建。這是很大的紅茶之鄉。我注意到有大片茶樹種植，常常是在山腳，有時也在村民的園子裡。早上10點，我們到達崇安縣，這個縣城正好位於紅茶產區。……城裡到處是"茶紅"，茶葉在那裡分揀、打包，運往國外市場，我在山區旅途中遇見的每個苦力都到這裡來扛貨物。中國所有飲用和出口紅茶的地區的茶商都到這裡來進貨、打理運輸。

羅伯特·福瓊：
《茶葉與鮮花之路》，
1852年。

拼配的藝術

在時代長河中，專家們創造了各種各樣的拼配茶，豐富了茶葉品種。於是源自不同產區、不同茶園，甚至不同採摘法的茶葉混合在一起……我們甚至常常看見紅茶與綠茶相互混合。這樣做是為了得到特性固定的特殊的茶葉。其中最常見的是"英式早餐茶"（English Breakfast），它結合了印度紅茶和錫蘭紅茶。最後，拼配茶種類中還包括香茶。

右圖
大吉嶺
selimbong茶，
帶銀尖。

欺騙的時代

茶葉對光線和潮濕十分敏感，在這樣的環境中它們會迅速失去香味。19世紀，在旅途中損壞的茶葉並不因此被拋棄掉。既然不能恢復茶葉的香味和口感，一些人就肆無忌憚地做起再造茶葉外觀的營生來。這些魔術師最早出現在英國，他們以巧妙的手段配製混合劑，把紅茶變成綠茶，諸如鉻酸鹽配普魯士藍、靛青、薑黃屬植物或銅鹽。一些手法很容易辨別：茶葉沖泡後，假如水色變為藍黑，就說明裡面有洋蘇木。但有一些伎倆卻幾乎需要真正的科學研究才能鑒定，這就使得造假者做起來毫無顧忌，他們往往能逃避法律的制裁。

特殊茶葉

半發酵茶介於紅茶與綠茶之間，它發源於中國——確切說是廣東省與福建省，以及福摩薩（台灣的舊稱）。而白茶起源於中國宋朝初年，現為十分稀有的品種。

關於起源的傳說

半發酵茶多以"烏龍茶"聞名，但也被稱為"武夷茶"（bohea或簡稱bou）。關於"烏龍"一詞，有一個美麗的傳說：一位採茶人聞到怡人的芳香，他找到發出香味的茶樹。一條黑蛇盤踞在樹上。採茶人沒有感覺絲毫恐懼，他採下幾片葉子，發現用這些葉子做成的茶清香無比。

不完全發酵

中國人把烏龍茶視為世界上最好的茶。這種茶葉發酵時間很短,在中國大陸,烏龍茶只發酵到12%－15%,而在台灣則發酵到60%－70%。長葉保持完整,然後揉捻。烏龍茶的特點是口味獨特,淳厚、清香,帶果味。最有名的烏龍茶出自台灣,茶樹種植範圍集中在它的北部和東北部。長期以來,烏龍茶在美國備受歡迎,同時也逐漸贏得了法國人的青睞。然而一般說來,烏龍茶現在仍不為眾多西方人所知。

下圖　　　　　　上圖
白茶尚不為西方人　印度大吉嶺也出產
所知,它還是"稀　半發酵茶。
有"飲品。

珍品白茶

福建位於中國的東南部,19世紀,茶葉幾乎是福州和廈門的特產。白茶有特殊標記,其葉條為銀白色,帶絨毛。這種茶葉之所以如此特別,是因為茶葉採摘後只作萎凋,然後就乾燥,而不作其他處理。白茶口感清爽,清香微妙,舉世無雙。

上頁
烏龍茶(上頁上圖)用很小的茶壺沖泡,以小杯(上頁下圖)飲用。茶葉只能連續沖泡3－4次。

綠茶，上等茶

綠茶不同於紅茶，它沒有經過發酵。中國和日本是綠茶生產和消費大國。綠茶也見於台灣以及印度北部。

下頁
日本綠茶儀式。

精英茶

綠茶（嫩葉）是中國的"拉菲特城堡"。只有在貴族家中才能飲到。鮮葉是專為他們採摘的，而且須由童子或處女帶手套採摘。下等人只能喝紅茶。紅茶很多，在大街上隨時敞開供應。

斯塔夫 男爵夫人，
19世紀末。

在中國，茶葉的珍品

飲用綠茶是真正的中國傳統。安徽、江蘇、浙江、江西都盛產綠茶，當然還有出產稀有綠茶的湖南。新採的茶葉放入鐵鍋乾炒，然後經手工揉捻，在熱空氣中去除水分，揉捻和乾燥程序反復進行，直至獲得滿意的結果。中國綠茶口感微妙，香味細膩，多少帶有澀味。最著名的綠茶有："珠茶"，香味濃厚，嫩葉捲為球狀；"珍眉"，葉條捲曲；"龍井"，葉條扁平。

綠茶像雕塑作品一樣經過手工"造型"，這種工藝為中國所獨有。茶葉製作成各種形狀：花束、星星、芽葉、珍珠。外形的詩意與口腹之慾巧妙地結合在一起。

日本，綠茶的天下

在日本，飲茶體現了禮儀。綠茶無處不在，主要種植區在本州南部以及九州與四國。茶葉製作方法原則上與中國一樣，只是殺青用蒸氣完成，而揉捻則常常採用機械加工。

葉茶（Ryokucha）需要沖泡飲用，並有豐富的搭配，依據場合不同，選用不同的茶葉。"煎茶"（Sencha）無疑是日本最大眾化的茶。煎茶由第1次採摘（春季）與第2次採摘（夏季）的葉子組成，是上等或特等茶葉，在重要的場合使用，也有的是中等茶，在日常生活中飲用。煎茶口感清淡、微澀，香味細膩。"玉露"（Gyokuro）是上層聚會所用綠茶的名貴佳品。它的原料是第1次採摘（春季）時從最好的茶樹採下的初生嫩葉，比煎茶葉條稍大，這種茶葉專為招待貴賓保留。它的味道更突出，更濃厚，較煎茶澀味少。飲用玉露時，可以同時食用一種小甜糕點。

上圖
在日本，煎茶是日常飲料，用帶柄的茶壺沖泡。壺中茶水全部倒入茶杯，至3/4滿處。

下圖
中國東部安徽省的造型綠茶。

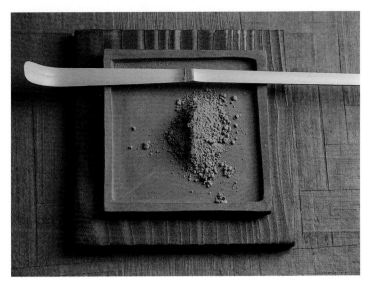

下圖
沖泡玉露茶的茶
具。

禮儀茶

在日本茶道中，抹茶是粉末
狀的茶，產於宇治和靜岡地
區。抹茶與玉露一樣精心製
作。柔軟的葉子不能接受陽
光曝曬，而是用蒸氣加熱，
然後乾燥，最後用模具研磨
成粉末。

日本日常用茶

"番茶"（Bancha）最為常用。番茶相當於質量略低的煎
茶。一般在第2期（夏季）或第3期（秋季）採摘，葉條
稍大，但熱水沖泡後的顏色與煎茶相同。

焙茶（Houji-cha）也是日常用茶。它是一種經烘焙的番
茶（其葉褐色），所以丹寧與咖啡因含量較低。"焙茶"
口味獨特，是病人與兒童的最佳飲品。它與番茶
一樣也需熱飲。

日常的"米茶"，即"玄米茶"（Genmai-cha），更為
年輕人所喜愛。這種茶是混合茶，調入番茶和米粒，米
粒的製作法類似爆米花。玄米茶通常在飯後飲用，有特
殊的香味。

另類茶葉

無論紅茶、半發酵茶還是綠茶，一般都帶有香味。中國人很早就嶄露了組合各種香味的天賦。西方人也步其後塵。柔和的花香、細膩的水果味、濃郁的香料味……這些茶常帶有異國口味，令人嚮往，思念遠行。

幾個世紀前，日本人已經瞭解速溶茶（instant tea）。20世紀50年代末，速溶茶在歐洲出現。此外還有脫去咖啡因的茶，每千克茶葉咖啡因的含量較低。

"多味茶"

花茶傳統源遠流長。昔日，高雅人士隨身攜帶香茶盒或帶茶香的香膏盒子。19世紀中葉，

羅伯特・福瓊注意到，中國人種植一些散發香味的植物，並採摘這些植物的花朵，把它們加入茶葉，尤其是小種之中。香橄欖和開花梔子就屬於這類植物。

在中國，你可以見到梔子綠茶、玫瑰紅茶、蘭花茶，等等。然而西方人最熟悉的莫過於茉莉花茶，這種茶與中國烹調密不可分。製作茉莉花茶，與製作其他種類的花茶（橙花茶、茶花茶等）一樣，需要在花期將近時採摘花朵，將花朵與茶葉分層交叉疊放，燻製數月。然後手工除去花朵，此時茶葉已帶上了濃郁的花香。

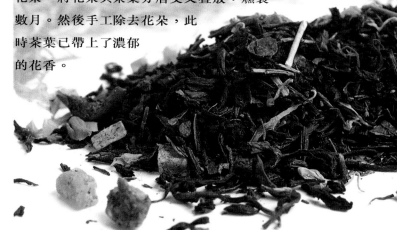

香味紛呈

丁香、桂皮、薑汁、小荳蔻……印度人很喜歡加香料的香茶，1970年後，這種香茶在歐洲獲得極大的成功。譬如果味茶：紅果、柑桔、進口水果、椰子……香味種類數不勝數。這些茶中最有名的也許是"格雷伯爵茶"（Earl Grey），一種香檸檬味的茶。茶的名稱取自愛德華·格雷伯爵，他在1830年－1834年任英國首相，正是由於他的提倡，這種中國配方的茶才在英國流行。應當說明的是，這種茶既因香檸檬得名，這種香料自然必不可少，但茶葉可以是紅茶、綠茶或烏龍茶，而且中國、錫蘭及其他地區的茶葉均可。

我們還可以看見最近發明的蜜茶、焦糖茶和巧克力茶，甚至還有加入酒精（冧酒、馬拉斯加酸櫻桃酒、威士忌等）的味道濃烈的茶。最後，還有咖啡因含量較低的"保健"茶。西方人對生命和身體健康的關注與日俱增，這些茶可以滿足他們這種需要，此類茶包括一些富含維生素的果味茶和人參茶。

磚茶

磚茶傳自中國，現在俄國和西藏人還在使用。磚茶顯然與製作茶葉過程中產生的殘渣有關，這些殘渣經過壓縮成為緊密的硬塊。緊壓茶也可以用完整的茶葉製作，但磚茶除外。磚茶可以是卵石狀、塊狀、鳥巢狀等。烹製磚茶時，只需切下相當2克重量（1杯之量）的一塊，在水中煮開3分鐘即可。

日本茶罐物語

曾經有人從水中打撈出十分漂亮的陶罐：通體透明，白中帶綠。這是裝茶葉的茶罐，是無價之寶……

難以言喻的魅力

日本茶迷住了作家皮埃爾·洛蒂。在《菊子夫人》中，皮埃爾·洛蒂寫道："在我心目中，日本是迷人的國度。我從漆畫和瓷器上認識了這個小小的人工世界，它是虛幻的，但我全身心地投入進去。那裡真美妙！三個小小的女人席地而坐，優雅、嬌小，她們有着東方人的眼睛，漂亮而油黑的頭髮挽成高高的髮髻。還有地上這些茶具，窗櫺外的景致，隱約可見的塔頂，以及瀰漫四周、甚至籠罩在雜物上的那份典雅。"

考究的容器

精緻的容器源遠流長：18世紀，日本人飲茶所用茶罐與以上所述茶罐的質地、大小與用材差不多。普通茶罐體積較大，為陶土製作，而上等茶葉則使用體積較小的陶瓷罐，這是天皇與宮

廷專用的。第二種茶罐中，古代的小罐（maatsuba）為精緻的極品。每一種茶罐都有狹窄而短的口，可以很好地保存茶葉，更完美的是，這樣的茶罐還可以使茶葉香味的濃度隨時間推移而與日俱

左圖
漆木茶具（1826年）：3個抽屜、1個容器、1個燒水壺。

下頁
裝飾精美的茶盒，19世紀版畫。

增。在《日本僧俗自然史》（阿姆斯特丹，1732年）一書中，卡昂普菲複述了一個與茶罐有關的傳說。這個傳說直接講到莫里島，那裡出產所有茶罐中最為豪華的"maats-uba"。

眾神之怒

島上的居民荒淫無度，不信宗教，於是眾神決定把他們從大地上除去。而島上的國王是義人，在夢中，他被告知將有可怕的懲罰降臨。"諸神對他說，假如看見神廟前兩尊偶像的臉部出現紅斑，他就應當乘小船離開，逃往遠方。國王立即把這個消息透露出去，使他的人民瞭解島嶼面臨着覆滅的危險，然而他從他們那裡得到的只有輕蔑和嘲笑，他們認為他太輕信了"，卡昂普菲寫道，正是在這種情況下，一個小丑突發奇想，把偶像的臉塗成紅色。國王看見偶像臉上的顏色，自知預兆已經顯現，他攜帶家人乘小船逃往中國南部的福建省。神的懲罰果真降臨，島上的居民被吞沒了……這樣，莫里的著名陶工，連同他們的聞名一世的茶罐一同消失了。從此，幾塊岩石高高聳起，在過去神秘的年代裡，那裡曾是日本陶瓷製品的勝地。

茶的禮儀

茶被粗俗之輩嘲笑，它永遠是智者的專愛。——作家托馬斯·德·昆內在19世紀初這樣寫道。也許，在有些西方國家裡還是這樣。但在今天，茶已成為世界上最大眾化的飲品，它打破了一切社會階層的隔閡。

適用的器具

選擇容器

茶壺以保溫性好為上乘。飲用中國茶,建議用陶瓷器皿;飲用口味較突出的錫蘭茶或印度茶,最好考慮陶製、錫製或銀製茶壺,這些茶壺不會因使用時間長而"積垢"。英國金屬茶壺的優點便是保溫性好。最後,我們建議沖泡不同的茶用不同的茶壺:沖泡中國茶的茶壺、沖泡大吉嶺茶的茶壺,等等。尤其是,茶壺應專門用於沏茶!

茶葉需經過嚴格篩選,選擇飲茶所用器具也不能草率從事。有時,為了適應茶的禮儀,需要犧牲漂亮的外表,而選擇較為平實的外形。

上圖
濾鍋保留了實用的形狀。

右圖
傳統茶壺,最單純的樣式。

濾茶器、濾茶球、茶勺……

再沒有比飲茶時嚼到茶葉更令人不快的了。所以就有了"濾"茶。有的茶壺配有盛茶葉的濾網，便於沖泡後撤去茶葉。如果茶壺不帶濾網，就需使用合適的銀製或不銹鋼工具。倒茶時置於茶杯上的普通濾茶網，或帶孔的小銀篦，被類似兩頭尖別針的東西固定在壺嘴上。使用這些附件的前提是茶水必須直接倒入茶杯。但這樣一來，就不能隨意中止浸泡的過程。傳統濾球是西方人的發明，後用來浸泡茶葉，但我們不主張使用，因為茶葉在濾球中緊壓在一起，香味不能完全釋放。與此原理類似的器具我們都不主張使用，譬如茶勺。事實上，最好的方法是使用袋狀布網，不同茶壺配以不同尺寸的網。茶葉在這種濾網中表現很完美，您可以隨時從水中撤去茶葉。

建議……

● 假如您只需沏1杯茶，可以用茶勺或濾茶球，把它們放在杯中，然後沖入開水。

● 不用茶壺時，在壺底放一塊糖，可以避免茶壺因長期封閉產生異味。

● 不能用洗滌劑清洗茶壺，只能用清水沖洗。事實上，壺壁積下的丹寧不應當除去。如積垢太厚，可以用大塊鹽清除。

左圖
只有"茶袋"能保證茶葉香味充分散發。

一千零一隻茶壺

他一邊說話，一邊上茶，像身體粗壯的人常有的動作那樣，手足無措。她饒有興味地看着他。他一絲不苟地擺弄着小小的茶壺，茶壺是陶瓷的，帶濾網，狀如聖杯。

亨利·特洛亞：
《拉雷涅》，
1938年。

下圖
這隻源自古希臘，用於浸泡飲料的壺，令人聯想到今天的茶壺……

中圖
1750年在英國，薩德勒和格林發明了在漆層上採用彩釉進行裝飾。

模仿中國

17世紀，在大量茶葉運到歐洲時，歐洲人也發現了中國的傳統粗陶茶壺。最早用紅陶土仿造中國茶壺的，無疑是在1670年前後荷蘭的代爾夫。這些茶壺上雕刻的大多是花枝和龍，常常還採用彩釉裝飾背景。代爾夫的這些茶壺在18世紀形成流派，尤其是在英國和邁斯（薩克森州）。

具有濃郁中國裝飾風味的搪瓷茶壺。

啟蒙時代更趨完善

中國陶瓷色彩堅硬、單純、呈半透明狀，很容易為歐洲人所模仿，1709年，邁斯開始陶瓷製作，此前人們一直沿用高嶺土製作工藝。18世紀初葉，歐洲手工業成為中國工藝的黃金時代。陶瓷受遠東藝術靈感的啟發，隨處可見色彩艷麗的漂亮裝飾。在法國，"洛可可"風格與

"馬里亞熱兄弟"的英國梅蒂薩日茶壺，用素色陶瓷，外形典雅純潔。

怎樣清洗英國金屬茶壺

最簡單的配方是昔日魯泰·德·利勒夫人在《婦女百科全書》中提出來的。把粉末狀的"腐土"或"英國紅土"與油混合。把少量混合物敷於茶壺表面。用一塊法蘭絨用力摩擦，直至茶壺發亮。然後用溫熱的皂液洗滌並擦乾。最後，用白堊粉塗抹，晾乾，再用羊皮鞣革擦拭一遍。

古典主義決裂，迅速採用了花卉、渦紋和阿拉伯式圖案。

英國式優雅

18世紀後半葉，在英國斯塔福德郡，陶藝家喬賽亞·韋奇伍德在茶具上打上了自己的貴族姓氏，使奶油色精緻陶器〔"奶油色陶器"（cream ware）或"女王陶瓷"（queen's ware）〕或彩底精緻陶器〔"米色陶器"（cream-coloured ware）〕帶上了高古、考究的趣味。他還使用紅陶土，並把它命名為"rosso antiquo"，用來製作日常茶具。

"馬里亞熱兄弟"的銀製卡拉旺茶壺是東方茶壺的翻版，原作於19世紀70年代。

色彩的重要性

在《茶經》中，陸羽強調了選擇茶碗，保持茶湯本色的重要性。他認為應當選用底部較淺、端直、圓底的茶碗。淺綠藍色陶瓷會加深茶湯的顏色，黃釉會把黃色茶湯變為鐵銹色，棕色則使茶湯呈現黑色……他最推崇越州的陶瓷，這種陶瓷"剔透如鏡"，色如玉。只有這種綠色能很好地烘托茶色。那是橄欖綠的釉面，有人認為那是最早的淡綠色之一。這種稀有的陶瓷製品最初產於漢代，在唐代尤其盛行。1930年，在余姚附近發掘出了古代製造陶瓷的遺址。

※

左圖
茶壺隨時尚變化，有高矮、大肚和瘦長、錐形和幾何形以及有無裝飾之分。壺嘴與壺柄的形狀也順應這些變化而變化。

清一色的風格

18世紀末才有整套茶具出現。此前茶杯與茶壺還不配套。後來，茶具中又增添了糖罐和奶罐。稍後，又為茶杯增添了柄。最早想到在茶杯上加柄的是中國人，他們改變了出口茶杯的外形。在柄被接受以前，茶杯類似淺底的小碗，放在小碟（茶托）上，即使飲用涼茶也可以用這樣的小碟……

另一種高貴的材料

從18世紀起，製作茶壺的質料不再限於陶瓷和陶土……銀器開始崛起。大師們對銀質材料十分愛好。18世紀

70年代，英國裝飾藝術家和建築家亞當畫了茶壺設計圖，這就是亞當銀器。在法國，拿破侖時代，一些漂亮的金銀器出自讓－巴蒂斯特·奧迪奧和亨利－奧古斯特·比埃內之手。

上頁與本頁
不同材質（陶土、瓷、銀）的茶具，迴然相異！

傳統與法則

茶葉沖泡有一套規則，假如您想飲到高品質的茶，就必須一絲不苟地遵守這些規則。真正愛好茶的人從來不會忽視這些規則。

右圖
20世紀初，喝茶的時間也是"閒聊"的時間。

建議

• 假如暫時不用，建議將茶水過濾，以免茶味變澀。

• 如果茶太濃，最好將熱水加入茶杯，而不是加入茶壺。

出發點

應當據一天中用茶的時間精心挑選茶葉。同時斟酌茶葉用量。茶葉的用量不是隨意的：通常每杯用茶2－2.5克（1茶匙）。不必專為"茶壺"增加1匙，這樣做會使茶湯過濃。

高品質的水

水質很關鍵。這一規則自古便有：陸羽的《茶經》中有一段專門討論水質。他建議用山水──泉水和湖水，而不用瀑布和暴雨的水。其次為江水和井水。今天我們受生活方式限制，可選擇的範圍大大縮小，所以只能現實一些。沏泡茶葉的水不應含鈣，也不應經次氯酸鈉消毒。所以最好的選擇是用中性的礦泉水。此外，應當用涼水來燒開，如果是自來水，則應用剛從水管放出的水。水燒開（95℃以上）後，沖在茶葉上。

茶的禮貌

茶由女僕端上。一個人把茶倒入杯中；另一個人一隻手端上茶杯，另一隻手拿帶夾子的糖罐；第3個人接着拿來奶油罐和糕點。如果有人不要喝茶，就給他上燒酒、咪酒或櫻桃酒。

飲茶時不要把糕點浸入茶水。更不能把糕點掰碎放在茶裡，把茶變成湯。飲茶也與飲咖啡一樣，用完後將勺放在茶托上，而不是杯子裡。這樣做可以避免發生意外。

斯塔夫男爵夫人，
1894年。

左圖
正如根據克萊芒·羅特的油畫（1896年）製作的版畫中所表現的，燒水壺是過去常用的器具。

成功地沖泡茶葉

沖泡前，先用沸水沖洗茶壺，把茶壺加熱。隨即將茶葉放入茶壺，茶壺是溫熱而潮濕的，茶葉因此受到影響。將壺蓋蓋上，不要讓茶葉浸泡時間過長：湯色不宜過淺，也不宜過深，而應呈好看的琥珀色。錫蘭茶與印度茶可浸泡3－5分鐘，中國茶則需浸泡5－8分鐘。（126頁的表可以幫助您"精確掌握時間"。）浸泡結束後，用一把小勺攪拌茶水就可以飲用了。茶通常滾燙時飲用，然而也有一些著名產地的茶，如"大吉嶺茶"，以及一些日本名茶（玉露），應當溫熱時飲用，這樣水的熱度就不會改變其細膩的口味。

左圖
飾有花邊的桌布和緞結覆蓋茶桌，這是19世紀的時尚風格。

是否添加花樣？

在純潔主義者看來，如果不以"天然"方式飲茶，就是對茶的極大褻瀆。然而另一些人則喜歡在用茶時增添花樣。依

左圖
對愛好飲茶的人來說，每一種茶都必須用適宜的容器飲用。圖中是太平茶碗（"馬里亞熱兄弟"提供）。

據喜好不同，可以增加1片橙子（永遠不要用檸檬，因為檸檬味酸，會"減掉"茶味）、1塊糖（通常是冰糖，冰糖不會損害茶的香味，但只可用在某些紅茶上，永遠不要用在著名產地的茶葉上，無論是綠茶還是白茶），甚至還可加入一點奶。注意！正確調法是：先將奶倒入杯底，然後注入茶水。尤其是，只有錫蘭和印度（譬如阿薩姆）的部分紅茶可以加奶，其他茶葉不能承受這樣的組合。

飲茶的時間

茶是在一天中的固定時間飲用的嗎？"五時茶"(five o'clock tea) 幾乎已被世界接受，英國人不僅是這一習俗的首倡者，他們還最早發明了早茶和晚茶。

右圖
描寫愉快早茶的幽默明信片。

下圖
小奶罐。

下頁
小茶壺。

"A Nice cup of tea" （一杯好茶）

英國人用茶的時間很早，他們一起床就用早茶 (morning tea)。茶壺頂套着柔軟的印花布罩，除茶之外還有一小罐奶、一塊或幾塊餅乾。熱茶使人清醒，可以刺激並喚醒一天的生活。梳洗完畢後用早餐 (breakfast)，早餐以茶為主，配以吐司、果醬、主食、橙汁和熱菜，熱菜通常是雞蛋。

"大陸"早餐

歐洲大陸早餐常常用茶，把茶作為一天上路前的飲料。早餐托盤的佈置應當明確無誤。正如詹姆斯·科凱所說："所有器具應按合理順序一一排列。茶杯在右前方。杯子後面襯托着茶壺。茶杯和茶壺的左方是黃油、果醬以及與此類似的東西。最左邊是奶罐或放檸檬的容器、糖罐和熱水罐。熱水罐離右手最遠，因為它是最後才加以考慮的。在茶杯下面，我看見一隻小碟，你可以用來在麵包片上抹黃油和果醬等。"

早餐的替代品

這段時間裡，英國紳士忙着準備茶，這是他的早餐。就像正經的英國人那樣，他把早茶看得異常重要，精心地操作着。在用茶的時間裡，家中所有人都起來了，作好一切準備，隨時可以行動，使早茶完美無缺。但英國紳士還是僵硬地迎接他們，這是高品質英國人在旅途、客棧和歐洲大陸所特有的態度。

R·托普菲：
《新日內瓦人》。

英格蘭人在紅茶中加入少許涼奶，糖可有可無。蘇格蘭人和愛爾蘭人在茶中加入液體奶油。

串起時間

自從茶傳入歐洲，茶就為英國人的日常生活帶來節奏，無論他們在工作還是在旅途中。上午的喝"茶"休息時間、傳統的下午茶（afternoon tea）、傍晚茶（high tea）都是真正的大餐，可以替代正餐……昔日，傍晚茶是朋友聚會、談話的時間，也是玩惠斯特牌一類遊戲的時間。今天，傍晚茶大多招待親朋好友，通常只在家庭聚會時採用。

漂亮的銀匙，過去用來從茶葉盒中取茶葉。

一幅石版畫中表現的英國早茶，1840年。

完美無缺的茶具

在法國，下午茶大多用於婦女聚會，通常以遊戲活動為中心，參加這種聚會的人很多。讓我們看看吉塞勒・達薩伊（《作為美術的烹調》，1951年）為我們描寫的場面，從中我們可以見到那些不怎麼講究的下午茶是怎樣進行的："我們在用茶的時間到達：聊天茶、橋牌茶、撲克茶……在親密氣氛中，所謂的茶最先上，放在轉桌上，隨後是三明治和糕點。桌子常常放在餐廳，最後茶壺上來，旁邊是熱水罐。大家談着話，銀器或英國金屬器皿應當熠熠生輝，盤墊或桌布應當飾邊或綴花邊。

茶桌上重逢，
多少帶有漫
畫色彩。

吸食茶葉

一份英國報紙上講，英國人不再滿足於在 "five o'clock tea" 時間飲茶，他們開始 "吸食" 茶葉。把綠茶做成卷煙吸食，似乎已成為瘋狂的時髦。從事這種奇異消遣的人不少是社會地位很高、思想非常出眾的人物。沙龍中彌漫着茶壺的蒸氣，與卷煙的藍色煙霧混在一起，室內煙霧騰騰，香氣四溢。客人們有興味地談着話，帶着特殊的慾望，講他人的壞話。英國人指責我們用東方煙草做成的小煙卷，不屑與吸食雪茄的人為伍！真是駭人聽聞！O tempora（世俗），o mores（民德）！

亨利・德・帕維爾：
《政治文學年鑒》，
1896年1月5日。

右圖　　　　　　下頁
沙龍請柬：《在　　《茶》，版畫，
盧浮宮》。　　　　1829年。

茶漬

……低矮的小桌上覆蓋着錦緞花紋桌布……，上面放着擦得錚亮的銀壺，裡面的涼茶盛到一半，來自海外的搪瓷奶罐、玻璃糖罐、兩隻精美的大杯，其中一隻的底已經髒了，凹下去的淡灰褐色坑裡散佈着十來個黑點，一隻印花盤，擺着四個烤麵包片，旁邊有鎳製的機器，用來烤麵包，橢圓形的小盤裡盛滿黃油，果醬杯，還有茶壺金屬上強烈閃耀的陽光，就如這片昏暗中的星辰在閃耀，因為百葉窗半開着，只有一線陽光照射進來。

米歇爾·布托：
《變化》，1957年。

除了酷愛（美國橋牌中的）滿貫和'加倍'之外，最瘋狂的人肯定喜歡在他們暫時處於'明家'（指攤出的牌）期間，順便滿足一下可恥的口腹之慾……假如參加聚會的人很多，茶就放在桌子盡頭，方便取用。一口酥是受歡迎的：'憤怒'的蝦、球狀的鯷魚、堅硬的雞蛋片，蛋黃的黃眼睛擺在西紅柿的紅角膜上，還有蘆筍綠色手指的小手……總有得好玩的！假如您喜歡三明治，把三明治打扮起來，在上面插上旗幟標籤，好像插在剛剛征服的大地上一樣，旗幟上寫上麵包的內容：肥鵝肝上寫'鵝'、火腿上寫'紅豬'，諸如此類，等等。"

下圖
塞夫勒瓷器裡的中國午餐，取自19世紀末版畫。

待客茶

茶的藝術常常意味着天地人三者合一。天給予陽光、雨霧，它們是茶的種植必不可少的。大地給予土壤，能夠滋養茶樹，陶土能用來製作各式茶具，岩石中流出清泉，可以沖泡茶葉。此外，人的才智把茶葉、水和陶土結合起來，於是充滿魅力的藝術就誕生了。

約翰‧布洛菲爾德：《茶與道》。

好客的飲料

在中國，無論何時，向客人敬茶都意味着歡迎。1864年，A‧普西耶爾格在《環球旅行》中講到："茶在南北都很流行。你走進人家，立刻就有茶端上來：這是好客的表示。主人保管你喝夠，只要茶杯一空，僕人就一言不發地走來把它加滿，只有喝了足夠的茶以後，你才可以說出登門拜訪的原因。"過去，商人常常在店舖裡為顧客上茶。今天在餐館或人家，飯前都要飲茶。招待結束時，主人也要為來賓上茶。

不拘一格用茶

現代中國是當之無愧的茶鄉，那裡仍然保留着飲茶的習慣，但或多或少把飲茶的禮儀遺忘了，過去用末茶時，沏泡和向客人敬茶，禮儀是至關重要的。日本繼承了這一傳統，把它流傳下來。雖然這些習俗在中國已經消失了，但茶還是無處不在。綠茶無論濃淡都是熱飲，以保留"天然"的風味，既不加糖也不加奶，通常在飯後飲用，尤其是在兩餐飯之間。

日常飲茶不需每次沖泡新的茶葉。第一次沖泡後，可以再加入開水。過去，回收茶葉是可疑的事，因為茶葉很可能又被重新以廉價出賣。最後，茶還可以帶有不同的香味：茉莉花、茶花或玫瑰，乾柑皮、核桃、松子、杏仁的香味等等。

"雲南福" 茶葉店

店舖有點像柚木戲台。裡面擺放着黑色盒子，盒子上有手繪金色騰龍。商人過去做過官，下巴留着山羊鬍子，手總是縮在袖子裡，只有稱茶葉和用算盤算價錢時才從袖子裡抽出來。買茶已經是樂趣了。飲茶也是。

詹姆斯·德·科凱：
《給貪吃者、好吃者、美
食家、狼吞虎嚥者的
關於餐桌和親友間
行為方式的信》，
1977年。

左圖
在中國，有在喜慶場合向人贈送白合金茶壺的習慣，茶壺上有象徵性的剪影。圖中的茶壺名為"如意"。
(19世紀版畫)

綠茶禮法

"這種以最高雅方式準備一杯茶的……技能或藝術":日本茶令美國建築師弗蘭克·勞埃德·懷特心醉神迷,他為日本茶的禮法下了這樣的定義。

下圖
日本鑄鐵小茶壺。

右上
日本貴族。

右下
在日本茶道中,一切有條不紊。

追求完美

過去在日本,茶葉稀有,只有精英才能享用,所以長期來被視為奢侈品。起初,日本禪師享有消費茶葉的特權,他們把茶變為佛教哲學的載體,正是這些禪師使茶在日本文化中發揮了獨一無二的作用。這種

作用通過茶的儀式來實現,15世紀,珠光制定了帶有禪味的"品茶會"(cha-no-yo)的規則。以後數百年中,千利休禪師繼承了珠光的衣鉢,使"茶道"(sado)達到完美的巔峰,把這種過去只是詩意消遣的儀式上昇為真正的藝術,人們可以從中尋找寧靜和實現自我。

遵守禮節

舉行茶道的地點經過周密安排，一切都很樸素、和諧、優雅、平靜：最好有專用的小屋（見80頁），如沒有專用的小屋，也可在茶室（tchashitsu）裡進行，房間的門（nijiriguchi）很矮，必須彎腰才能出入。茶道的每個細節、每個動作，以及每個細微過程都很重要。客人聚集在旁邊的一間屋子（yoritsuki）裡，主人用銅鑼（dora）示意客人可以進入茶室。客人就坐，主人細心地在他們面前準備好"懷石餐"（kaiseki），然後交給客人。隨後10來分鐘，客人可以離開房間吸煙、聊天，他們回到房間後，茶道真正開始。

左圖
玉露原包裝，綠茶之"玉"發人異國、雅致與詩意之情思……

右圖
竹製攪拌器，用來打出"玉沫"。

往昔的茶道

往昔的茶道比今天的更為嚴格：水要在鐵製的開水壺裡用木炭燒開。主人用竹帚在碗裡攪拌，直至泡沫滿到一定高度。主人把茶碗端給客人時，動作要有規則，就像跳芭蕾舞一樣。客人依相應的禮儀飲茶。

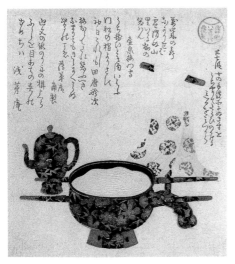

虔敬與莊重

茶道採用抹茶，這種茶是用最好的乾葉研碎而成的。用具有：1個茶盒（tcha-ire）、1張擦拭茶具的絲巾、1個茶碗（chawan）、1支狀如肥皂刷的茶筅（chasen），1支竹子或象牙的茶勺（tchashaku）用來從茶盒中取出茶末放入茶碗。主人莊重地準備茶水：將茶末放入碗中，與熱水混合，然後用竹帚攪拌，打出泡沫，這樣可以增加茶味。茶碗先交給嘉賓（shokyaku），再用手傳給每一位客人，每位客人品嚐一口。最後一位來賓（tsume）負責擦拭茶碗。需要説明的是，最後一位來賓與第一位來賓同樣重要，因為他應當協助主人。只有有經驗的人才能擔當此任。

日常用茶

今天，綠茶已成為日本人生活中必不可少的部分，因為，除用於品茶會的抹茶外，日本

"茶食"

傳統茶道包含 "茶食"，即 "Kaiseki Ryori"（懷石餐）。"kaiseki" 一詞也在一些高檔餐廳使用，用來指菜餚。這些餐廳的烹調與茶道中的茶有共同之處。

上等茶葉用輕巧的白色陶瓷器皿飲用，這樣的器皿能使茶湯更美觀。

右圖
今日茶室。

下頁
富士山下的茶樹種植。

生產許多品種的葉狀綠茶。傳統的每餐飯後，都有一杯茶，日本人認為這有助於消化。所有輕鬆休閒的時刻都少不了品茶。凡是禮貌的接待，都有飲茶的程式。無論何種場合，茶都是天然地飲用（不加糖），否則會失去香味。

細緻的烹製

沖泡綠茶需要首先把水燒開，保持沸騰片刻，如果是最高貴的茶葉（煎茶和玉露），則需等待水冷卻到合適的溫度，然後可以將水緩緩沖在茶葉上。茶葉質量越好，水溫越低，用茶量越少，浸泡的時間也越短。

建議把杯子和茶壺用熱水加熱。浸泡的時間過去，就可以自左至右，按茶杯的順序將茶注入杯子，然後重做一

遍，但次序相反，自右至左，直到茶
壺倒空為止。這樣做可以保證茶水從質
和量上分配均勻。此外，茶葉可重複沖
泡2－3遍。

茶樓

在亞洲，飲茶有特定的場所，茶文化在那裡代代相傳。在一些國家，茶是必不可少的大眾飲料，有了"茶館"，茶就在社會生活中佔據了極為重要的位置。

在中國，真正的機構

在19世紀60年代，A·普西耶爾格在《環球旅行》中對中國茶館做了有趣的描述："從屋子盡頭的茶爐房，不難看出這是一家茶館：燒水壺、巨大的茶壺，一些塔和器械為一人來高的大鍋供熱水。茶爐房地上方有個奇怪的鐘：那是一支燃香，上面有間隔相等的刻度，香炷燃燒，就可以計量時間。"那時，茶館在天朝（過去外國人對封建時代的中國的稱呼）的生活中發揮着非常重要的作用。由於地區不同、顧客不同，茶館可以是高雅的、講究的，

上圖
20世紀初中國長江岸邊的茶館。

也可以是樸素的，還可以是骯髒的、低俗的。只有茶館，能與我們歐洲的飲料零售店相提並論：那裡是消費、聚會、談生意的地方。如今，茶館依然是經商的場所。茶無處不在，只是今天已不再像過去那樣繁榮罷了。

日本，嚴肅與簡樸

日本也很早就有茶館了。過去，日本茶館有等級之分，茶館外表看來差別很小，但內部佈置與花園，以及上茶的禮儀差別卻很大。貴族常常光顧的茶館與市民的茶館比起來要舒適和高雅一些。此外，有兩種貴族茶館：一種專為高級貴族服務，另一種專為"幕府"服務，幕府是

右圖
歐洲遊人乘船遊覽歸來，進入茶館。

12－19世紀的軍事獨裁者，他們建立了真正的日本王朝。現在，茶的禮儀最好在專用的小屋（sukiya）裡進行。場地佈置常常帶有鄉村風味，非常簡樸，裝飾只有卷軸和鮮花。

左圖
日本茶館好像四壁空空，幾乎毫無裝飾，接待的禮節也很簡單。

世界性的茶

印度人與英國人在茶裡加糖。西方人在茶裡加薄荷。澳大利亞人喜歡將茶浸泡很長時間。愛爾蘭人只喝濃茶。有人在茶中放檸檬，有人在茶中放鹽和黃油，還有人像中國人那樣，只喝"天然"的茶。世界各國的人們各顯其能，創造了無窮無盡的"茶譜"。

圍繞茶炊，俄國茶

從17世紀起，俄國人就通過蒙古瞭解了茶。最早，茶只在莫斯科及一些大城市才有。19世紀起，飲茶開始在俄國全境流行起來。

下圖
在俄語中，與茶炊有關的詞語異常豐富，顯示了茶炊在俄國人生活中的重要性。

下頁
俄國軍隊在基希內夫茶館，取自G·迪朗的版畫，1877年。

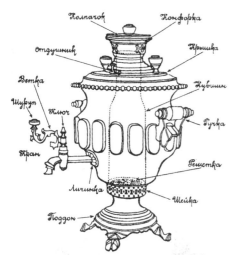

日常生活中必不可少的飲料

"給每位旅客端上晚茶，茶炊燒得熱熱的，不斷在濃茶中沖入開水"，這是泰奧菲勒·戈蒂埃在《俄國之行》中記錄的形象畫面。茶炊、茶盒……俄國人的家庭生活似乎全都以這些器具為中心……沒有一部小說或戲劇中不提到它們的。"她端來茶炊，正待拿起杯子喝茶，即將開口大談其宮廷掌故之際，突然，一輛宮廷馬車開到了台階之下"，我們可以在普希金的《上尉的女兒》中讀到這一段。因為俄國人喝茶的時間是親人團聚的時間，也是洽談生意、

提神的飲料

我剛坐下，就有茶炊放在桌上，旁邊是托盤，托盤上放着中國茶壺，那茶壺連中國官員見了都會欣羨不已，茶葉的用量斟酌得那麼準，即使是天朝的天子都會首肯的，兩隻飲茶的大杯，一個盤子，裡面放着薄薄的檸檬片，還有一隻小罐，裝滿奶油。……經歷嚴寒過後，一杯熱茶最能讓你振作起來，那是你所能想到的最愜意的東西。

M·布朗夏爾：
《聖彼得堡的冬天》，1856
－1857年。

傾訴生活的困惑的時間。所以，在沙皇俄國，一天的時間以茶來劃分。茶揭開一天的序幕，飲茶時用麵包、黃油、有時還有奶酪。茶也為一天降下帷幕：晚餐後2－3小時，吃完最後一道點心，俄國人要用"晚茶"（vietchernyï-tchaï）。無論哪個鐘點飲茶，禮節都是一樣的。習慣上，茶沏得很濃，盛在陶瓷茶壺裡。濃茶注入杯中，再用茶炊裡的開水稀釋。此外，普通的茶杯只有婦女才用，男人用的是放在帶柄的杯托裡的鏤花玻璃杯，杯托是用金屬製作的，有的有很

多裝飾（podstakan），有的裝飾極少。在富裕家庭裡，杯托通常為銀製或金製，鑲嵌有琺瑯或寶石。

18世紀的發明：茶炊

今天，最常見的茶炊是用不銹鋼製作的。質量更好些的茶炊用銅製作，閃閃發亮，常常帶有繁複的裝飾。然而過去茶炊的材料可以是銀甚至是金。最好的茶炊出自莫斯科南部的圖拉。為沙皇和宮廷專製的精美金銀器就出

上頁
俄國傳統酒館，被稱作"traktir"。商人們常常光顧，並在那裡談生意。

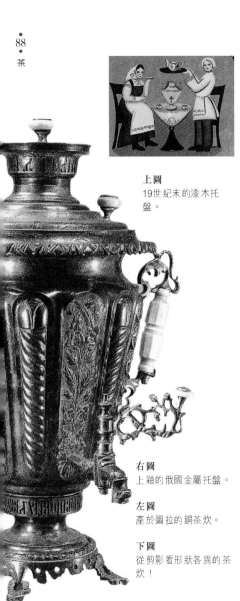

上圖
19世紀末的漆木托盤。

右圖
上釉的俄國金屬托盤。

左圖
產於圖拉的銅茶炊。

下圖
從剪影看形狀各異的茶炊！

產在那裡。茶炊外面為甕形，中間有一空心直筒，木炭從直筒放入。水燒開後通過水龍頭放出來。飲茶時就把茶壺放在燒熱的茶炊上。不幸的是，現在的器具大多用電，它們與舊式茶炊一樣可以很好地沖泡茶葉，但往日的傳統卻不見了。

糖還是果醬？

俄國茶使用的是紅茶。19世紀時，工夫茶最為流行。白毫的消費量也很大。一些俄國人喜歡茶中帶有微妙的香味。斯塔夫男爵夫人在1804年寫道："講究的俄國人在茶盒中加入蘋果花，這樣蘋果花怡人的芳香就會與茶葉細膩的香味混合在一起，愜意而不醉人。"加入茶葉中的最好是野蘋果花……俄國茶飲用時需要加糖。有人不

喜歡加糖，而喜歡放一小匙果醬。俄國茶常常
用檸檬片作裝飾——正因為這樣，英國人把檸
檬茶稱為 "Russian tea"（俄國茶）。俄國人飲
茶時很少用奶。

傳說

最早的茶杯產於克隆斯塔
德。當時經常有這樣的事：
咖啡館老闆為節省成本，在
茶壺中放的茶葉量不夠。因
此，茶水十分清淡，顧客可
以透過茶水看見杯底的 "克
隆斯塔德" 字樣，於是顧客
把老闆叫來，指着杯底對他
說："都可以看見克隆斯塔
德了"。而老闆又不能說他
沒有看見 "克隆斯塔德"。
因為當茶足夠濃時是看不見
"克隆斯塔德" 的。這樣老
闆的摻假行為就給當場捉住
了。

為防患於未然，商人想出辦
法，把能從底部看見 "克隆
斯塔德" 的杯子
換成了什麼也看
不見的杯子。

亞歷山大・仲馬：
《烹調大詞典》。

中亞

土庫曼人、吉爾吉斯人、蒙古人……很久以來，亞洲大草原上的游牧民族為抵禦嚴寒，住在氈製的蒙古包下，茶是他們最喜歡的飲品。

下頁
烏茲別克斯坦的傳統茶碗 "Piala"。

蒙古茶湯

蒙古包頂部的中央有煙道，光線從煙道射入，正下方的火爐裡，木炭或乾馬糞熊熊燃燒。木炭上架着三足銅架，小鍋狀如鐘，放在銅架上，鍋裡煮着茶葉。蒙古人的茶濃厚而油膩，更像是湯……這習俗由來已久。1865年，A·普西耶爾格受法國駐中國領事德·布爾布隆先生筆記的啟發，在《環球旅行》一文中寫道："中國人專為歐洲人製作綠茶，但他們自己怎樣也不會品嚐這樣的綠茶。他們還為蒙古人製茶，原料是茶樹的粗葉細枝，這些雜物混在一起，在模子裡擠壓成形，又厚又重，就像他們造房的陶磚。貧窮的西伯利亞人也飲用這種廉價的茶，這些茶品嚐起來可沒有其他茶葉那樣愜意，但它們與奶和大麥粉放在一起，可以做成濃濃的、營養豐富的粥，叫'pan-tan'……。"

隨時隨地用茶

事實上，茶僅次於酸奶，在飲食中佔據着重要的地位。過去通過商隊從中國運入的茶葉約有15種。所以在集市上選擇茶葉是件艱難的事，埃萊娜與喬治·帕帕施維利寫道："茶葉浸在水中，顧客先取一片放在嘴裡嚼一嚼。假如質地和味道還令他滿意，他就要一碗茶，主人在水裡放一撮茶葉，顧客開始品嚐。"每個季節有每個季節的茶葉。每種場合有每種場合的茶葉……早晨，磚茶配以奶和鹽。其他時間則用"'lonka'，這是中國東部的茶，只需一片葉子，就可以沖泡整整一碗茶水。"

烏茲別克斯坦、塔吉克斯坦、吉爾吉斯坦……

在這些地方，人們整天喝的都是綠茶。與在俄國一樣，茶炊把每天的時間分隔開來。茶館（tchaïkhana）很多，男人們躺在低矮的台上，手端茶碗，相互爭執。這是男人的特權。婦女只能在家裡喝茶……

吉爾吉斯人的茶

他們的茶與歐洲的不同：那是真正的湯，烹煮時放入奶、麵粉、黃油和鹽。在每個富裕的營地或村莊（aoul），婦女在火上放一個瓦罐，裡面盛滿茶湯，時刻準備着，客人來時，要先向客人敬上，就像在土耳其敬咖啡、在西班牙敬巧克力一樣。

*阿蒂爾·芒然：
《沙漠與野蠻世界》，
1866年。*

營養豐富的西藏茶

在高山之巔的西藏，"茶"（boeja）是真正的食物，它提供熱量，給人慰藉。在西藏，茶有一套與眾不同的的烹煮方法。

大旅行家見聞

在《一個巴黎人在拉薩的旅行》一書中，亞歷山德拉·達維德－內爾多處提到："西藏的茶，加酥油和鹽，與其說是飲料，不如說是湯，但它可以給又冷又餓的行人熱身，讓他們倍感香甜。"他穿越無人區，在艱難漫長的行程中，養子永登喇嘛陪伴着他，整個行程中主要食物是叫"糌粑"的茶。福斯科·馬雷尼（《神秘的西藏》，1952年）離我們時間更近，他描寫了世界屋脊上的飲茶習慣："梭男給我拿來一隻玉杯，上面有寶塔形的蓋，放在一個蓮花形的銀碟上，很是奇怪。我揭開蓋子，年輕人從一個帶有雕飾的銅壺裡，給我倒上粥，西藏人稱之為茶。……我喝了幾口茶粥（酥油、梳打、鹽、開水和竹筒裡的酥油茶做成的），接了幾塊炸餅乾，餅乾十分油膩，上面長了一層毛，我費力地吃下去。……"

特殊烹煮法

西藏人全天飲茶。他們使用磚茶，把茶煮

右圖
西藏茶磚。

下圖
19世紀版畫中的喇嘛寺。

很長時間，茶水放入某種類似打奶器的器皿，加一點酥油和鹽。他們常常用木杯飲茶，在飲茶前，要唸獻祭的經文。飲茶時儘量把漂浮在茶湯表面的酥油留下來，就可以用酥油拌糌粑。糌粑是西藏的主菜，與茶密不可分。它用炒熟的青稞粉做成。每個家庭都隨時備有糌粑，儲藏的時間不應超過9天。正如福斯科·馬雷尼所說："吃糌粑時，你取出一把青稞粉，放在面前的小盆中，再往盆中沖入足夠的熱茶，用手指把青稞捏成一團，直到麵餅像涼杏仁餅一樣堅硬。當然，還要加酥油，也是用手將其和在一起。最後，一小塊一小塊地吃。很噁心嗎？它要比在我們法國的印度餐館裡被稱為'泥漿'的東西好上百倍！"

左圖
達賴喇嘛是最有名的西藏人，他非常喜歡飲茶……

在尼泊爾

與西藏人一樣，尼泊爾人飲茶時也加鹽和牦牛奶油。他們喜歡喝熱茶和甜茶。沿公路與山間小路，村莊小店裡供應的茶就是這樣的，我們稱之為"chia pazal"。

《茶館》。

左圖
在西藏的帳篷下，茶可以熱身、活血。

考究的東方茶

馬格里布整個國家都有茶葉消費。摩洛哥有飲茶之風,而茶在阿爾及利亞與突尼斯更加盛行。這些國家只飲上乘的綠茶,因為加入薄荷,味道十分可口。

必須用新鮮薄荷(右圖)。最好的薄荷產於摩洛哥南部的提茲尼特,那裡的薄荷香味非常濃郁。

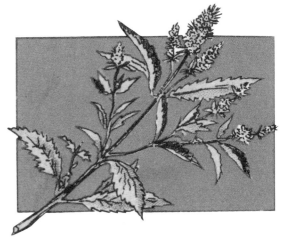

烹製慣例

先用開水沖洗茶壺。在壺中放入茶葉,在茶葉上澆一杯開水,除去澀味,然後把水倒掉。用手揉搓薄荷(使香味發散),放在茶壺裡。加方糖(3匙茶葉,75厘升水配12-14塊方糖)。沖上開水,用勺攪拌。茶葉浸泡5-6分鐘,然後倒在小杯裡熱飲,杯子是飲茶專用的,飾有花紋。

摩洛哥的飲茶方式

在摩洛哥,第1道茶不加薄荷。第2道茶加薄荷:在已經沖好茶的茶壺裡,放入薄荷,再添1茶匙茶葉和1茶匙糖,倒進開水,等待茶泡好。飲用前再用勺子攪拌一下。

添加香料

在沖入開水的同時,還常常加一些香料(譬如橙花精和玫瑰香水)。香料還可以是幾朵橙花、一枝羅勒、

杯子和茶壺放在銅製的大托盤上，托盤有的有雕刻裝飾，有的較為樸素，托盤下墊以精心製作的木架。旁邊是小盤，金屬盒中存放茶葉、薄荷，以及植物香料和方糖。

牛至或馬鞭草。最講究的是在茶水中放入琥珀球，浸泡數分鐘。最後，薄荷茶還可以配以幾粒烤松子，或者更樸素一些，配以不帶鹹味的烤花生。

圖瓦特茶的茶壺遊戲

在阿爾及利亞西南部，飲茶的過程伴隨一系列手勢。茶壺在火上燒5分鐘，裡面盛茶和開水。另一隻茶壺盛糖和

拉拉·艾查……一時間走開了，到廚房去取燒水的銅壺和火盆。托盤已經備好，擺在屋子中央，上面罩着金邊紗布。透過紗布，我看見下面錫製的茶壺和杯子。……她匆匆地站起來，去找糖和薄荷。我母親很投入地講起她參加過的婚禮來，她還記得那些事。頃刻間，茶做好了。拉拉·艾查給每個人上茶。她遞給我一個杯子，底部有兩指高的茶水。我不要。我要了滿滿一杯，就像在我們那裡喝茶一樣。

阿邁德·塞弗里烏伊：
《神奇的盒子》，1954年。

右圖
阿拉伯的貝督因人喝加薄荷的奶、咖啡和茶。

下頁
照傳統習慣，茶與手抓飯和葷雜燴一起食用。

蘇丹宮中的茶

茶只在沖泡第2道以後上，桌上擺滿多種馬格里布的美味糕點、東方的角形糕點、蜂蜜千層酥、杏仁蜜、橙汁、檸檬汁與覆盆子榨汁飲料，還有香檳酒（宗教認為香檳酒是無害的汽水，並不禁止飲用）。在遍地陽光的地方，巨大的莫斯科茶炊突然帶來冰雪風霜。僕人伺候着長官，照他的意思準備好茶。

熱羅姆和讓·塔羅：
《拉巴特——摩洛哥時光》。

薄荷。把第1隻茶壺中的茶水倒入第2隻茶壺。然後分入一隻杯子，再把杯子中的茶倒回茶壺。這樣反復操作3－4次，直至糖完全溶化。

撒哈拉飲料

茶在沙漠中無處不在……18世紀，綠茶可能是經大西洋運抵撒哈拉的。今天，綠茶成了最主要的商品之一，可用來交換傳統的圓錐狀糖塊，這種糖塊用時可以被敲成碎塊。正如泰奧多爾·莫諾在《騎着駱駝遠行》（1989年）一書中所講："小小的茶壺，小小的杯子。煮得很粘稠，第一道喝起來十分刺激，然後加入很多糖，像糖漿一樣甜得要命。禮拜儀式的'茶局'由3隻杯子組成，有

時是4隻。很多原料混合而成的飲料中加入有香味的薄荷、混合香料、丁子香、薰衣草，甚至胡椒。"當然，主人貧富程度不同，杯子的個數也不同。人們一邊閒聊，一邊喝獻祭的3杯茶，圖阿雷格語把這個儀式叫"timia"。飲茶時還常常吃大麥餅，大麥餅直接在沙漠上的沙子裡烘烤，即熟即食，或者蘸加糖的羊奶，或者蘸酸乳清。莫諾描述了另一種用法："將一種叫'kessera'的麥餅掰開，揉碎，加入甜汁、茶、奶油、乾杏仁肉等，在手中大把揉捏。喝3小杯茶、1升水，再加一盆這樣的粥，就是一頓營養豐富的飯了。"

上頁　　　　上圖
在沙漠中喝上　在舒查，韃靼
一杯茶：好客　人家的客廳
的舉動。　　　裡。

韃靼人家的茶

我們走進這個韃靼人的家，發現那裡有很多人。客廳不大，但很優雅，讓我感覺愉快。客人都沿牆根坐着。從他們臉部的表情看，似乎在沉思。客人的鬍鬚是黑色和紅棕色的，嘴裡含着琥珀煙嘴，手裡拿着水煙袋。水煙袋從一個人手裡傳到另一個人手裡。

有人給我們端來小吃，那是茶和肉飯（由奶油或油脂、肉和很多的香料做成的米飯），你可以一邊飲茶一邊吃肉飯。

巴西爾·維雷夏吉納：
《高加索外省旅行記》，
1864－1865年。

LE REPOS

下圖
關於茶葉海運進口的檔案。

投身批發業的家族

馬里亞熱家族很早就嶄露了其商業天賦。尼古拉‧馬里亞熱被路易十四和東印度公司挑選為代表團成員，與沙赫（伊朗國王的稱號）簽署商業協議，所以他早在1660年就發現了印度和波斯。尼古拉的兄弟皮埃爾則是東印度公司在馬達加斯加的"大使"。

茶香飄逸的店舖

匯集世界茶葉於一地，把店舖辦成真正的茶館，用異國情調來裝點櫃枱……在古老巴黎的中心地帶，馬里亞熱兄弟向自己提出了挑戰。

18世紀，讓－弗朗索瓦‧馬里亞熱在里爾有一家從事茶葉、香料和殖民地食品批發業的公司。他的4個兒子都畢業於商校。所以，1820年路易、埃梅與查理接替他們的父親在里爾管理企業就是理所當然的了。

巴黎分店

1845年，埃梅與奧古斯特‧馬里亞熱在巴黎Bourg-Tibourg街創立了奧古斯特‧馬里亞熱

公司，一家植根於家族傳統的公司，它的成立向進入巴黎邁出了第一步。1854年，埃梅的兒子亨利（1827－1907年）和愛德華（1828－1890年）成立了著名的馬里亞熱兄弟茶行。它後來成為法國最大的茶葉進口公司。今天，這個茶行經銷來自32個國家、超過450個品種的茶葉。"充滿冒險和詩意的芳香從每一杯茶中飄出，意味深長"，亨利·馬里亞熱這樣說道。在20與21世紀之交，這種茶的精神始終是馬里亞熱兄弟公司的宗旨。1980年後，公司開展了零售業，同時業務擴展到其他地區，最遠到達日本，在那裡，它把推廣"法國茶藝"作為其經營思想。

茶的博物館

1991年，在馬賴的母公司的保留展覽中，馬里亞熱兄弟博物館匯集了各式古物，從中你可以讀到一部完整的茶的歷史：用於運輸茶葉和用於貿易的容器、儲藏茶葉的茶盒、古今茶壺⋯⋯珍稀木器和瓷器、銀器以及象牙製品，所有這些都在說明飲茶的考究，與飲茶有關的文化許多世紀以來從未間斷過。

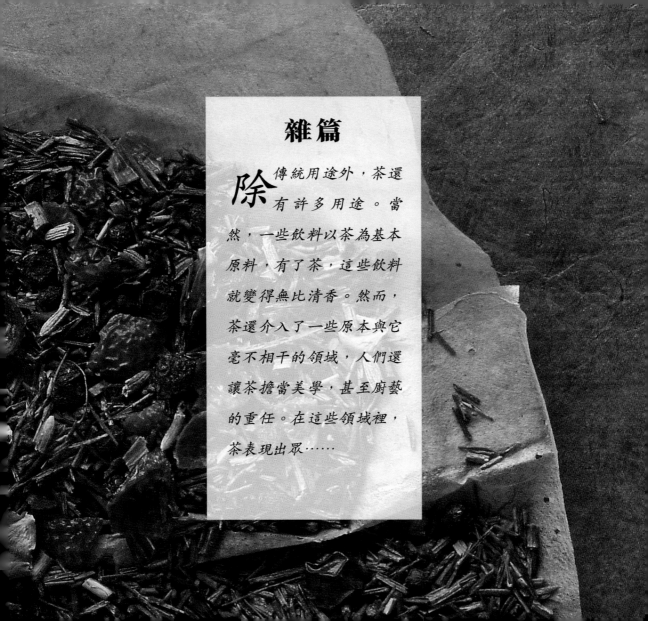

雜篇

除 傳統用途外，茶還有許多用途。當然，一些飲料以茶為基本原料，有了茶，這些飲料就變得無比清香。然而，茶還介入了一些原本與它毫不相干的領域，人們還讓茶擔當美學，甚至廚藝的重任。在這些領域裡，茶表現出眾……

以茶為原料

我們已經看見，茶的配方因地而異。這裡，克里奧爾人給配方添上一筆，在茶中加入半頭香草。那裡，有人放入一半茶葉，一半橙花。

茶配以最好的美酒，為愛好飲茶的人帶來極大樂趣……

抵禦風霜

19世紀，斯塔夫男爵夫人對我們說：斯堪的納維亞人在茶中按1:1的比例加入波爾多紅酒，可以做成很好的飲料，能夠"熱身"。"俄國式"配方也有同等功效，具體做法是：將伏特加倒在杯中，加入熱茶。相反，有人用茶為伏特加提味。最簡單的方法是：煮沸1袋茶，放入伏特加浸泡，將伏特加放置在陰涼處5－6小時，然後過濾。威士忌茶滋補強身，是冬天晚會待客的佳品。飲用威士忌茶，只需在每隻杯子裡放入2湯匙威士忌，然後倒入加糖的濃茶，再配以橙子或檸檬薄片。不能飲酒的客人可以用蜜茶：在杯中放1茶匙蜂蜜，加1倍的糖，擺上1片較厚的檸檬，沖入熱茶（無糖的）。這是最滋補的飲料！

雞尾酒會上的茶

茶可以很好地與果汁（橙子、檸檬或菠蘿汁）和部分糖

液態茶

取125克上等茶或綠茶，用半升開水沖泡。水溫降低，不再滾燙，水色變得很深時，就可以把茶水連茶葉一起倒入8升燒酒或溫和的酒精中，……與普通水混合。將罐口塞緊，浸泡8天。……時間一到，就可以蒸餾。蒸餾程式可以用隔水燉來做。當水流很大時，先取得4升液體。然後將火關小，繼續蒸餾，這時水流較小，可以得到4.5升液體。將2.5千克糖溶化在4.5升水裡，做成糖汁。將糖汁與酒茶混合，再過濾。

《甜燒酒與甜食商
的秘密》，
18世紀末－
19世紀初。

CHERRY BRANDY

QUALITÉ SUPÉRIEURE

茶液

*燒酒：5.5升；河水：2.7
升；上等茶：30克；研碎的
糖：2千克。*

茶在燒酒中浸泡8天，通過
蒸餾得到3升液體。將糖溶
化於水，混合並過濾。假如
用浸泡法製作茶液，茶葉用
量可以少一些。但液體顏色
呈黃色而非白色，一眼望去
感覺不同。

*《甜燒酒與甜食商
的秘密》，
18世紀末 —
19世紀初。*

汁（石榴、草莓或覆盆子汁）結合，給一些水果（橙子、黃檸檬、綠檸檬）提味，它與生薑、丁子香花蕾、肉荳蔻、桂皮一類的香料的配合也很好。在酒吧間，招待員把茶和秈酒、法國白蘭地酒、白蘭地酒、香檳酒、柑香酒、Grand Marnier、燒酒兌在一起……至於著名的潘趣酒（見下頁），有的冷飲，有的熱飲，但總能變化出無窮無盡的花樣。出於口感考慮，配製以上飲料時，通常綠茶優於紅茶，黃秈酒優於白秈酒、粗紅糖優於白砂糖。

19世紀，一些
著作把加檸檬
片的茶稱作
"美國茶"，然
而這種茶並非
美國人才有的
專利……

昔日茶潘趣

茶潘趣酒得名於印第語"panch"（意為"5"），因為它當初包含5種配料：酒精、甜燒酒或葡萄酒、奶、水或浸劑、糖和香料。

在橙子片上面，賞心悦目的火焰在燃燒！

晚會的中心

潘趣酒於19世紀風行一時。人們把以潘趣酒為中心舉辦的晚會稱為潘趣酒會。許多資料表明，潘趣酒出現在知識界和文學界聚會上。在這樣的聚會中，潘趣酒不僅可以熱身，還能激發思想和熱情。與今天我們所知的恰恰相反，那時，潘趣酒常常能儲存很長時間，所以可以事先備好，用時再加熱。當時的配方也與今天的不同，那時潘趣酒通常用茶配製，加檸檬、糖和冧酒。在這個配方基礎上可以變化出許多花樣……

SIROP de CITRON

QUALITÉ SUPÉRIEURE

關鍵是潘趣酒碗

潘趣酒盛在大碗中上來，然後倒入杯子熱飲。布里亞－薩瓦蘭旅居紐約時，能在咖啡館喝到潘趣酒。他寫道："利特爾親自為我們端上一碗，可能是早就做好的，一碗酒夠40人的量。法國沒有這種尺寸的大傢伙。"然而，在《法國青年》中，泰奧菲勒·戈蒂埃為"潘趣酒碗"寫了一篇短篇小說："潘趣酒碗與維蘇威火山口一樣大，由人群中酒喝得最少的兩位抬着，放在桌上。

火焰至少有3－4英尺高，其顏色應有盡有，赤橙黃綠青藍紫，令人目不暇接。

從開着的窗戶吹過來一陣風，火焰顫抖、搖擺，仿佛傳說中生活在火中的蠑螈的亂髮，又如彗星的長尾。……燈滅了。屋裡光線頓時暗下來。碗中的光明擴散到整個房間，照到每一個角落。我們仿佛身處現代劇第5幕，劇中主人公升向天空，或站在孟加拉火堆的絞架上。……滾燙的潘趣酒倒入杯子，在杯中溶化，發出噼啪的響聲，清脆悅耳。不到一刻鐘，潘趣酒滴水不剩，而黑暗籠罩了房間。"

潘趣酒液

在平底鍋中放入10克綠茶、1千克方糖、1升水。加入4個檸檬皮。將3個橙子不作處理，也不去皮，切成圓片，直接入鍋。水燒開。濾掉水中的調料，加2升黃冧酒。

另一種做法是：在容器中放入1茶匙茶葉、1個檸檬皮、去皮的檸檬（去籽，切成圓片）、375克白糖。沖入1升開水，泡約20分鐘。加入50毫升冧酒、50毫升燒酒。攪勻，過濾，裝瓶。

夏天，冰茶

儘管茶很解渴，有人還是喜歡在烈日炎炎的夏季為客人獻上一杯冰茶。這樣的冰茶不難製作。

夏日口味

還有草莓！——澆上橙汁，不錯。您還可以加入橙肉。把橙肉從橙汁中取出，用糖塗抹，這樣更好。要是再滴上幾滴真正的橙黃白毫涼茶，就簡直沒治了。

莫里斯·熱爾馬，
引自查理·蒙瑟萊的
《詩意廚房》，1859年。

加工工藝

1894年斯塔夫男爵夫人這樣寫道："涼茶是夏天最清涼的飲料之一，但其中既不能加糖也不能加奶。早晨把茶做好，茶要泡得很濃，但不要時間過長。將茶水存在粗陶罐中。上茶時加入檸檬片或菠蘿片，取一些小塊碎冰放在杯裡。"

因時而異

事實上，冰茶有的直接飲用，有的備好待將來品嚐，飲用時間不同，做法也不同。假如需要立即飲用，只需用普通方法泡茶，將熱茶澆在水罐裡的冰上，依喜好加入糖和奶——或糖和檸檬（片或汁）——用幾滴冧酒提味。也可在杯中放進冰塊或碎冰，直接在杯子裡做好。

假如冰茶需要稍後再上，可以把冰茶儲存在冰箱裡。這時就需要在浸泡後將茶葉取出，加糖。上茶時配奶和檸檬，冧酒可有可無。

左圖
橙子與涼茶是好搭檔。

右圖
暑期茶：在杯中放入冰塊，倒入1/4杯涼茶，茶水要很濃，加糖，然後倒入半杯菠蘿汁、一些蘇打水、少量檸檬汁。

如何成功地製作冰茶

無論哪種情況，成功的關鍵都是用溫水（40℃），為避免茶水渾濁，浸泡1小時以上。此外，為使冰茶不致走味，建議在冰盒中注入茶水，放在冰箱中冷凍。這樣製作的冰塊是冰茶的最佳伴侶。

新飲料

20世紀末的市場上，茶是永恆的傳統，與此同時流行的，還有一些新飲料。當然，這些飲料出自工業生產，但它們說明百年的老傳統是能夠適應不斷變化的口味的。

與汽水結合

用茶製作飲料風行一時，其中不乏獨特的創新。1995年，瑞士一家夜總會需要一種不含酒精的精製汽水，薩烏爾斯的蘋果酒製造商亨利·貝洛想到，可以把生產蘋果酒的蘋果，還有他那裡（奧特地區）的食用蘋果，與茶葉配在一起，這樣做成的飲料就有了咖啡因和天然果味，既滋補，又有解渴的泡沫。他把這種飲

步傳統糖汁後塵，20世紀90年代末出現了茶汁，帶檸檬、桃等香味。上圖所示的是貝洛用蘋果酒做的飲料。

料命名為"Goldnight"，並把它們用香檳酒瓶包裝起來。1998年，貝洛將飲料推向市場。

隨取隨用

美國人很久前就開始飲用"冰茶"（ice tea）。歐洲直至20世紀70年代才發現冰茶。20年後，冰茶迅速發展，這種情況無疑得益於茶葉巨頭與經營清涼飲料的跨國公司全球範圍的合作。冰茶被裝入啤酒瓶或普通玻璃瓶，甚至

被裝入紙板箱，還有的做成小磚塊的形狀，它們大量湧入歐洲。瑞士冰茶消費量最大（每年人均38升），遠遠超過奧地利、意大利、比利時和德國，法國排在後面（每年人均1.6升）。據統計，2000年歐洲銷售量約在25億升以上！

冰茶有的帶氣泡，有的不帶氣泡，以茶為主要原料，添加香味（檸檬、香桃、薄荷等）。很大程度上，人們對生命健康的渴望是冰茶走紅的原因。商家廣告均着重強調冰茶的天然特性，他們還為運動員製作專為運動員飲用的、有強身健體功效的冰茶。

Une nouvelle génération se présente ...

Öpfanner ICE TEA PREMIUM

這種奧地利冰茶，微帶甜味，用茶水（錫蘭茶、阿薩姆茶）製作，並添加桃汁。

非茶之茶

一些除製作方式外，與茶並無實質聯繫的飲料也常常被稱為“茶”。過去，人們把一種有健胃功效的沖泡飲料（蜜蜂花屬植物、鼠尾草屬植物等）叫做“洋蘇草茶”或“鄉土茶”。據阿爾弗雷德・富蘭克林敘述，“阿爾卑斯茶”或“瑞士茶”，“是用瑞士的一種柔弱的花做成的”，“它在用途與特點方面超過印度茶，他們對每個人都這樣講，好讓他們上鉤。”

南非的“紅茶”，原料是一種叫“Rooisbos bush”的植物，與茶沒有關係。南美著名的“馬黛茶”也與茶無關。

Riquet-Tee

kräftig aromatisch

南美茶

過去，印度人有嚼食巴拉圭冬青屬植物的葉的習慣。這是一種巴拉圭林區自發生長的灌木。人們把這種灌木的葉子泡在水中，做成飲料，這一做法逐漸成為習俗……

南美人最喜愛的"液體"

這種沖泡飲料被稱為"巴拉圭茶"、"耶穌會茶"或"聖巴托羅繆茶"。在《環球旅行》（1771年）中，路易·安托萬·德·布干維爾講到馬黛茶，這種植物又稱"巴拉圭草"。19世紀馬黛茶大量出口到拉丁美洲其他國家，譬如秘魯、智利、阿根廷和巴西的一些省份。馬黛茶用量很大。從早晨太陽升起，南美人一天中隨時隨地都飲用馬黛茶。甚至出行時不隨身攜帶都顯得不可思議。歐洲人十分欣賞這種飲料。事實上，馬黛茶在19世紀末的最後40年期間就已引入歐洲。

刺激的飲料

馬黛茶從12月起開始收穫，收穫季節持續約9個月。樹葉乾燥、烘焙後打成粉末。粉末呈淺綠色，儲存時間越長，香味越濃。馬黛茶味道類似茶葉，含少量咖啡因，沖泡飲用可以強身——前提是茶水不能過濃，因為過濃的馬黛茶非常刺激。這也是馬黛茶為何在日用品限量供應時期的歐洲十分盛行的原

上圖
用於浸泡飲料的罐子，這種飲料被西班牙人稱為"馬黛"（mate），巴西人稱為"culba"，今天人們不再使用這樣的罐子，代之以或多或少帶裝飾的小罐。

左圖
"bombilla"，一種木製或金屬製（通常為銀製）的小管子，用於吸食飲料。

這些漂亮的白花會結出漿果，像枸骨葉冬青。

19世紀巴拉圭收穫
馬黛的情形。

因。二戰期間出版的烹調書向人們推薦
這股"馬黛茶旋風"。"馬黛茶的口味近
似咖啡，但烹製方法與茶相同，也與茶一樣有興奮神經
的作用。它滋補、提神，建議需要補品的人使用。"馬
塞爾·達甘這樣說道（《食譜與家庭建議》，1940年）。

馬黛茶禮節

今天，馬黛茶（或巴拉圭茶）依然富有生命力。在巴拉
圭、烏拉圭，以及智利一些地區都有人飲用……巴西是
馬黛茶產量最大的國家，阿根廷是馬黛茶最大的消費
國。馬黛茶水通常盛在小罐中，飲用時取出，依傳統方
式小口啜飲，儘管有人喜歡在馬黛茶中加糖和奶油，但
多數情況下人們還是天然地飲用。

多種版本

製作這種美洲飲料，可以在
專用罐子裡放入糖和1塊燃
燒的木炭。將糖烤片刻，然
後根據情況加入一定量的茶
葉末。在罐裡倒入熱水，水
不能太燙。……農村居民、
短工，幾乎所有男人都喝不
加糖的馬黛茶（稱為 "mate
cimarrou"）。然而女人、外
國人在茶中加咖啡、燒酒、
一些橙子或檸檬皮等。還有
人不用水而用奶烹製。

阿爾弗雷德·德梅爾塞：
《環球旅行》，1865年。

茶的小竅門

我們的祖母熟知這些竅門並在生活中運用。我們時常忘記了,然而這些辦法行之有效……

右圖
花邊女工都知道,茶能給她們珍貴的花邊染上柔和的色彩,使底色更好看。

廚房裡的茶

● 用潮濕的茶葉擦拭平底鍋,可以去除蔥頭和魚腥味。

● 乾果泡在茶水中,比泡在水中更易提味。

● 同樣,剛剛做完肉,為何不用茶來溶解鍋底的焦糖漿呢?這樣湯汁味道會更好。

柔和的染料

茶在許多方面都很有用。當然,茶還有染色的作用。為給花邊染上漂亮的赭石色,可以將花邊浸入很濃的茶葉煎劑,然後把花邊捲起來,放置1小時,再加濕熨燙,熨燙時小心用力捆平。假如對顏色不是十分考究,就只要把花邊擠乾,再攤開晾乾,加濕熨燙就可以了。

家務的好幫手

茶還可以幫助維護家庭設施。涼茶可以擦拭鏡子或鍍鉻金屬、清潔漆木傢具。我們建議用茶清洗色彩黯淡的地毯或割絨地毯,使之亮麗如新。只要將泡過的茶葉瀝乾水分,擦洗地毯或割絨地毯,再用吸塵器吸一下就行了。我們還可以用茶來使室內植物長得更健壯。把浸泡過的茶葉與泥土混在一起，或不時用茶水澆灌植物，對它們的生長十分有益。

怎樣清洗茶漬？

朋友聚會飲茶時，白色桌布上留下茶漬，再沒有什麼比這更煩人的了！幾滴檸檬汁可以去除茶漬，但請注意，除去茶漬後應用涼水漂洗。假如桌布是有色的，則把蛋黃調在溫水中，將桌布放在其中洗就能去除茶漬。羊毛或絲綢可用同樣方法清洗。地毯或割絨地毯沾染茶漬也能洗掉。把燃料酒精和乾白葡萄酒（或白醋）按1:1的比例混合，將地毯浸透混合液，用乾布用力擠壓。假如沾染茶漬的時間太長，就只有一種辦法：用水加甘油洗滌。

le trésor du foyer

Les Mille et un
secrets de la
Ménagère

5 fr

茶用於美容

1891年，斯塔夫男爵夫人在《盥洗室》中寫道："眼睛疼痛，可用清淡的紅茶清洗。"幾個世紀後，A·維爾納夫在《美麗的秘密》中以他特有的方式講道："眼圈，有人以為美，不用任何化妝品，只要用濃茶洗，就會形成。茶葉與胡桃葉沖泡的水只會使眼圈更明顯，因為這兩種東西都含丹寧。"茶不只具有這兩種對眼睛既刺激又治療的特性，斯塔夫男爵夫人還告訴我們：茶適於為頭髮染色，不會損傷髮質。濃茶"能給金髮染色，這樣頭髮就會夾雜淺栗色。"更有創造性

17世紀末，馬西亞洛這樣說："在茶葉上澆上一點燒酒，把茶葉輕微潤濕，就可以像吸食煙草一樣吸食茶葉。沉積在煙斗底部的殘渣或煙灰可用來潔白牙齒。"

左圖
護髮：在燙髮流行的時代，有人建議在
燙髮前先用茶水濕潤頭髮。

的做法是，將釘頭飾放入茶水中浸泡半個
月，釘頭飾就會變成深色！無論如何，都不
可否認，用茶水洗頭，能使栗色頭髮閃亮，
帶有銅的光澤。

茶有強身健體的功效，這一點毋庸置疑，但
茶還是針對油性皮膚的上好浴液（3湯匙茶葉
配50厘升礦泉水）。有人甚至建議在浴液中加
幾滴檸檬汁。最後，茶還可以幫助皮膚形成
夏天風吹日曬的顏色，並讓皮膚的顏色保持
下去，這一點人人皆知。

西餐烹調

20世紀的最後幾十年裡，西方茶藝更注重茶葉產地和口味的微妙變化，在一些廚師高超的手下，茶成

上圖
茶湯：在麵包上抹黃油，放入湯碗，加糖，沖入1杯濃茶，放2倍的奶。
《城鄉烹調》，L.-E．奧多，1841年。

茶的美食

品茶也給人藉口，順便滿足一下食慾，餅乾、蛋糕和糖果很受青睞。但有時茶也改變點心的配方，把點心變成其他美味……

了完全獨立的烹調佐料。當然，這種現象並非當今才有。早在1742年，拉巴神甫就記載了茶味冰激淩的配方。茶味奶油在19世紀很受歡迎，當時所有烹調著作中都收入了這一食譜。與茶奶雞蛋一樣，也有茶味糖煮水果、茶香雞蛋煎餅或茶香李子糕點（通常為印度錫蘭茶）。然而，今天茶在美食中的作用更加多種多樣……茶可以為糖果、夾心巧克力、

BISCUITS OLIBET

果凍或奶油凍提味，甚至
可以為鹹味的菜提味，尤
其在烹調魚或家禽的時
候。

日本甜食

春季有櫻花、李花、油
菜花，夏季有石竹、牽牛
花，秋季有落葉、槭樹
葉、栗子和菊花，冬季有
雪花、竹節、茶花⋯⋯
喜歡飲食的日本婦女隨
季節變化更換色彩。對
她們當中的一些人而
言，沒有什麼可以馬
虎和隨心所欲的。餅
乾外形是資訊的載體，
它的製作沿用着手工工
藝，幾乎帶有宗教色彩，
顯示人們還嚴格遵守着流
傳了近2,000年的傳統，餅
乾製作方法隨佛教和神道
教的發展而發展，後來與
茶道結合在一起。因為現
在食用這些柔軟的甜食時
飲用的是不加糖的綠茶。
做甜食時，需先將米糰烤
熟，打成粉末，與水混
合，再加蔗糖。飲茶儀式

結束前後，甜食入口，使
人對日本禮儀的藝術感到
無比甜蜜。

附錄

❖

幾款菜譜

早餐……

日本人有時在早餐吃 "cha-gayu"，這是一種茶粥，因有助消化而聞名。

• 在平底鍋中倒入1杯大米，加入7杯較淡的番茶茶水。用旺火把水和米煮開，減小火力。

• 烹煮40分鐘以上，其間不要攪動。煮好後放鹽。食用前加蓋放置數分鐘。

抹茶鮭魚肉片

"馬里亞熱兄弟" 食譜

適於8人食用

8塊150克的鮭魚肉片、
25克粉末綠茶
（抹茶）、
黃油麵糰、
15厘升濃稠的
新鮮奶油、
半個檸檬汁、
1升魚汁、精鹽、
白胡椒粉。

• 把魚汁燒開，撇去浮沫，從火上移開。加入茶，用攪拌器攪拌。再重新燒開。

• 用黃油麵糰勾芡茶汁。放入奶油，在文火上收汁。然後加入檸檬汁、鹽和胡椒粉。將做好的湯汁用漏斗過濾，放在隔水燉鍋裡保溫。

• 將鮭魚片蒸熟，在盤子裡碼放整齊，澆上溫熱的湯汁即可食用。

茶味雞胸脯凍肉

"馬里亞熱兄弟" 食譜

6塊雞胸脯肉、
50克格雷伯爵茶、
黃油、麵粉、
40厘升可可奶、
雞湯。

• 燒開1升水，加入2－3勺雞湯。放入茶葉，浸泡3－4分鐘，用漏斗過濾。加入可可奶。放在火上燒開，保持沸騰數秒鐘。

• 黃油和炒成焦黃的麵粉放在一邊備用，加入做好的湯汁，直到油膩合適為止。

• 把雞胸脯肉放在雞湯中煮10－15分鐘。瀝乾肉，切成薄片。把肉片放在盤子裡碼放成扇形。澆上茶汁，配以蔬菜。

茶奶雞蛋

6個雞蛋、
1升奶、
80克砂糖、
2茶匙茶葉。

● 把茶葉放在50厘升奶中煮5分鐘。過濾煮熟的茶奶，等待茶奶冷卻。

● 把雞蛋和茶奶與剩餘的奶混合。加入砂糖，不停地攪拌。

● 將備好的雞蛋和奶倒在盤中，放入烤爐，用文火烘烤約20分鐘，直到表面呈金黃色。連盤子端上餐桌即可食用。

茶奶油

50克中國茶、
50厘升奶油、
250克砂糖、
3個雞蛋。

● 將奶油燒開，沖入茶葉，泡半小時。

● 將奶油過濾，加入糖、3個打散的蛋黃和打成泡沫的蛋清。

● 放入隔水燉鍋，加糖冷凍。

● 冰凍時食用。

注意：這種奶油的另一種傳統配方是：8克混合的紅茶和綠茶，1升燒開的奶、250克糖、6個打散的蛋黃（或2個打成泡沫的蛋清）。

茶樹花浸泡的溫和飲料

亞洲人還使用茶樹花，花在蓓蕾期採摘，與茶葉一樣製作。這種飲料是為需要特殊飲食的人準備的，含咖啡因較少……用沸水沖洗茶壺後，每500毫升水加1咖啡匙茶樹花，泡20分鐘。亞洲人在裡面放幾片新鮮生薑。茶樹花沖泡到第2次和第3次時香味最佳。

古法茶“液”

把250克高級綠茶放入500毫升開水中泡12小時。另在2升雨水中放1千克糖，燒至出泡沫。在糖汁中加入雞蛋清精煉，過濾糖汁。茶水也同樣過濾，與糖汁混合，加雨水，燒熱至35℃。再過濾，裝入透明玻璃瓶……，加瓶蓋，封蠟，在光線充足的地方放置1個月。如果看到瓶中出現少許沉澱，可以濾掉，毋須過濾。

瑪麗—安娜·德韋萊：
《家庭自製奶油、糕點、糖果與甜燒酒》，1909年。

沖泡表

中國茶與台灣茶	1杯用量	水溫	浸泡時間
• 白茶	5克	70℃－85℃	15分鐘（銀針） 7分鐘（白牡丹）
• 綠茶	5克	70℃－95℃	3分鐘
• 半發酵茶	2.5克	95℃	7分鐘
• 紅茶	2.5克	95℃	5分鐘
印度茶			
• 春季大吉嶺茶	3.5克	95℃	3分鐘
其他紅茶			
• 葉茶	2.5克	95℃	5分鐘
• 碎茶	2.5克	95℃	3分鐘
• 片茶	2.5克	95℃	2分鐘
混合香茶			
• 主要成分為紅茶	2.5克	95℃	5分鐘
• 主要成分為半發酵茶	2.5克	95℃	7分鐘
• 主要成分為綠茶	2.5克	95℃	3分鐘

2.5克約相當於1小茶匙。 　　　　　　　　　　　　　　（據 "馬里亞熱兄弟" 資料）

日本綠茶	杯數	茶葉用量	用水量	浸泡溫度	浸泡時間
煎茶					
• 普通（中級）	5	10克	450毫升	90℃	1分鐘
• 上等（高級）	3	6克	180毫升	70℃	2分鐘
玉露					
• 普通（中級）	3	10克	60毫升	60℃	2分鐘
• 上等（高級）	3	10克	60毫升	50℃	2分30秒
番茶	5	15克	650毫升	100℃	30秒
• 柳茶					
• 玄米茶					
• 焙茶					

5克約相當於1茶匙綠茶。 　　　　　　　　　　　　　　（據日本茶葉出口協會資料）

參考書目

CARLES (M.) ET BROCHARD (G.) : *Plaisirs de thé*, Le Chêne, 1998.

DORJE (R.) : *La Cuisine traditionnelle tibétaine*, L'Astrolabe, 1988.

FIGUIER (Louis) : *Les Merveilles de l'industrie*, T. 1, fin du XIXᵉ siècle.

FORTUNE (Robert) : *La Route du thé et des fleurs* (Londres, 1852), rééd. Hoëbeke, Paris, 1992. *Le Vagabond des fleurs*, rééd. Hoëbeke, 1994.

FRANKLIN (Alfred) : *La Vie privée d'autrefois*, Plon, 1893.

LU YU : *Le Classique du thé*, VIIIᵉ s., rééd. Morel, Apt, 1977.

MARIAGE FRÈRES : *L'Art français du thé*, Paris, 1999.

MÉTAILIÉ (Georges) : *La Ronde des thés*, in « Terrain 13 », octobre 1989.

PAPASHVILY (Hélène et Georges) : *La Cuisine russe*, Time-Life, 1969.

PENNETIER (Dr Georges) : *Leçons sur les matières premières*, Paris, 1881.

RUNNER (Jean) : *Le Thé*, « Que sais-je ? », 1970.

SCHIAFFINO (Mariarosa) : *L'Heure du thé*, Paris, 1987.

STAFFE (baronne) : *Traditions Culinaires et l'art de manger toute chose à table*, Paris, 1894.

STEINBERG (Rafael) : *La Cuisine japonaise*, Time-Life, 1969.

Les Secrets du Liquoriste et du Confiseur, fin XVIIIᵉ - début XIXᵉ s., l'Argonaute, Marseille, 1990.

Citons aussi quelques périodiques du XIXᵉ siècle, dont : *Magasin pittoresque*, *Revue britannique*, *Le Tour du monde*.

地址簿

巴黎茶行

• *Mariage Frères*
30-32, rue du Bourg-Tibourg 75004 Paris
13, rue des Grands-Augustins 75006 Paris
260, Faubourg Saint-Honoré 75008 Paris

• *Le Palais des thés*
35, rue de l'Abbé Grégoire 75006 Paris
21, rue Raymond-Losserand 75014 Paris
21, rue de L'Annonciation 75016 Paris

• *La Théière*
118 bd du Montparnasse 75014 Paris

外省茶行

• *Le Comptoir des colonies*
12, place François-Rude 21000 Dijon

• *Matcha*
26, avenue de Saxe 69006 Lyon

• *Malleval*
11, rue Émile-Zola 69002 Lyon

• *Luciole*
15, rue Venture 13001 Marseille

• *Ventilo*
27, rue des Étuves 34000 Montpellier

• *Le Darjeeling*
12, rue Royale, Galerie Royale Center
74000 Annecy

• *The English Shop*
103, rue Ganterie 76000 Rouen

• *Une ambiance en plus*
1, rue de la Monnaie 74500 Évian

• *Kita*
11, rue Royale 59800 Lille

• *Grain de café*
49, cours Lafayette 83000 Toulon

• *Premier Consul*
Immeuble Premier Consul
Quartier Candia 20000 Ajaccio

• *London Bridge*
7, rue Falco-de-Baroncelli
Place Crillon 84000 Avignon

照片出處

L'ensemble des documents reproduits dans cet ouvrage provient de la collection de l'auteur, à l'exception de :
© Bellot : page 112 h. © Roland Beaufre : pages 29 h, 1247 h et b, 125. © Cedus : pages 65 b, 67, 108 b. © Comité français du thé / Olivier Scala : pages 27, 32 h, 36 b, 38 h, 41, 50 h. © Musée Dobrée, à Nantes / Cl. Ch. Hémon : pages 10-11, 16 b, 52 b © Explorer : pages 4, 30-31 et 34 (Lissac), 68 g (Charmet), 76 (Perno), 78 b (Baumgartner), 81b (Girard).© Christine Fleurent : pages 2, 3 d, 42 b, 44 h, 45 b, 49 h, 58 h, 59 h, 61 d et g, 75 h et b, 95, 102-103, 111, 122-123. © Musée Guimet : page 77 h. © Photothèque Hachette : pages 19, 71, 85, 87 h, 98. © Stéphane Leduc : pages 28, 39, 44 b, 50 bg, 50 bd, 56 h, 57 d, 57 b, 74 bg, 77 d, 89 b, 91 b. © Mariage Frères : pages 38 b, 45 h, 79 h, 100, 101 h, 116 b / J.-P. Dieterlen : gardes, pages 1, 5 g et bd, 6, 17 g, 46, 48 , 49 b, 51 b, 56 h, 59 h, 60 h, 65 h, 73 h, 79 h, 92 h, 120 b / Bénédicte Petit : pages 37, 57 h, 62 h, 101 b. © François Ozon : couverture, pages 54-55, © Pfanner : page 113 b. © Sygma : pages 82-83 (Laura Bosco), 93 hd (P. Eranian), 93 b (Valli-Summers). D.R. : pages 84 bd et bg, 87 b, 88.

引文出處

Page 28 : Han Suyin, *La Montagne est jeune,* avec l'aimable autorisation des éditions Stock.
Page 70 : Michel Butor, *La Modification,* avec l'aimable autorisation des éditions de Minuit.
Page 72 : John Blofeld, *Thé et Tao, l'art chinois du thé,* trad. Josette Herbert, avec l'aimable autorisation des éditions Dervy.
Page 89 : Ahmed Sefrioui, *La Boîte à merveilles,* avec l'aimable autorisation des éditions du Seuil.
Page 92 : Fosco Maraini, *Tibet secret,* avec l'aimable autorisation des éditions Flammarion, département Arthaud.
Page 96 : Théodore Monod, *Méharées* (1989), avec l'aimable autorisation des éditions Actes Sud.
Les ayants-droits que l'éditeur n'aurait pu retrouver malgré tous ses efforts sont invités à se manifester.

L'auteur remercie vivement monsieur Kitti Cha Sangmanee,
président de la société Mariage Frères, de l'aide précieuse qu'il a bien voulu lui apporter.
Elle tient également à remercier messieurs Christophe Bellot (Société Bellot, 10210 Chaource)
et Bruno Wissler (Société Hermann Pfanner, Lauterach, Autriche).

責任編輯　羅芳

Le Thé
by Annie Perrier-Robert
Original French edition ©1999 Éditions du Chêne-Hachette Livre
Chinese translation ©2002 Joint Publishing (Hong Kong) Company Ltd.
All rights reserved
Published in Hong Kong
No part of this publication may be reproduced, stored in a retrieval system,
or transmitted in any form or by any means, electronic, mechanical,
photocopying, recording or otherwise, without prior written
permission of the copyright owner.

《茶》

作　　者　安妮・皮埃爾—羅伯特
譯　　者　傅勇強
出版發行　三聯書店（香港）有限公司
版　　次　2002年2月香港第一版第一次印刷
規　　格　24開（185mm x 165mm）128面
國際書號　ISBN 962·04·1981·2

本書世界中文版經由原出版者法國 Éditions du Chêne-Hachette Livre 出版社授權
本公司出版發行。